拉宾斯

先 锋

早红珠（8-129）

5-106

萨米脱

晚红珠 (98-102)

得利晚红

佳 红

雷 尼

红 艳

巨 红

宾 库

意大利早红

大 紫

窑洞式墙体

干茬石式墙体

背连式日光温室

轻便型腔囊式日光温室外形

轻便型腔囊式日光温室内部

内保温改造温室

内保温组装式钢架
单栋大棚外形

内保温组装式钢架
单栋大棚内部

内保温连栋大棚内部

吉塞拉樱桃砧木

ZY-1 砧木

花芽内花蕾数量

甜樱桃花朵形态

果实成熟期花芽分化状

采后开花状

放射沟施肥

叶斑病危害状

花腐病危害状

大樱桃保护地栽培技术

（第二版）

主　编

韩凤珠　赵　岩

副主编

李广旭　石　英

编著者

韩　璐　王　毅　于克辉　张琪静

张广仁　邢建国　乔　军　高　琼

绘　图

韩剑峰　韩　松

金盾出版社

内 容 提 要

本书由辽宁省农业科学院果树研究所和凌源市设施大樱桃研究所的专家编著和修订。作者根据当前大樱桃保护地栽培出现的新问题，对原书进行了修订。主要内容包括：大樱桃保护地栽培的意义与发展趋势、大樱桃保护地栽培设施类型与建造、适宜保护地栽培的优良品种与苗木繁育、园址选择与苗木栽植、田间管理、整形修剪、病虫害与营养缺乏的防治、采收与包装、生产中存在的问题与对策等。内容丰富，科学实用，是广大果农、园艺技术人员以及农业院校相关专业师生很有价值的实用参考书。

图书在版编目(CIP)数据

大樱桃保护地栽培技术/韩凤珠，赵岩主编．—2版．—北京：金盾出版社，2013.1(2019.3重印)

ISBN 978-7-5082-7910-7

Ⅰ.①大…　Ⅱ.①韩…②赵…　Ⅲ.①樱桃—保护地栽培　Ⅳ.①S628

中国版本图书馆CIP数据核字(2012)第230764号

金盾出版社出版、总发行

北京太平路5号(地铁万寿路站往南)

邮政编码：100036　电话：68214039　83219215

传真：68276683　网址：www.jdcbs.cn

北京天宇星印刷厂印刷、装订

各地新华书店经销

开本：850×1168 1/32　印张：7　彩页：8　字数：162千字

2019年3月第2版第10次印刷

印数：52 001～55 000册　定价：23.00元

前言

大樱桃是北方落叶果树中果实成熟最早的树种，其果实不但颜色鲜艳、玲珑剔透，而且营养丰富，素有“果中珍品”、“春果第一枝”的美称。多年来露地栽培效益一直很好，发展面积逐年扩大，栽培区域也有扩展，但是，由于大樱桃树体抗寒能力较弱，适于露地栽培的区域很小，加之果品耐贮运性差、市场供应期较短，难以满足人们对大樱桃果品的需求。由此，生产中出现了利用塑料大棚和日光温室等保护设施栽培大樱桃，使大樱桃的栽培区域扩展至我国北部及东北部寒冷地区，如内蒙古的鄂尔多斯、通辽、赤峰，黑龙江的哈尔滨、大庆，吉林的通化、白城，辽宁的沈阳、朝阳、抚顺等地区，都有不同面积的栽培示范区。保护地栽培不但扩大了栽培区域，而且使果品比露地栽培提早上市1～4个月，也使果品的商品价值提高5～10倍，这种栽培方式给生产者带来了可观的经济效益，而且也充分利用了冬闲劳动力，还带动了相关产业的发展，具有显著的社会效益。

大樱桃保护地栽培已成为农村一种新兴的高效产业，发展较快，此产业效益虽然显著，但是需要一次性投资较大，栽培管理技术也要求非常精细，需要栽培者正确、熟练掌握，方能收到预期效果。鉴于近年来生产中出现的各种新问题,我们深入全国各主要产区,进行了大量的考察和深入研究,结合我们的研究成果和诸多生产经验,并参考了国内外大量资料修订本书,供广大栽培者参考使用。

本书参考了果树方面的大量资料,谨此一并致谢,由于水平有限,书中如有错漏,敬请同行和读者批评指正。

编 著 者

目　录

第一章　大樱桃保护地栽培的意义与发展趋势……………… (1)
一、保护地栽培的目的与意义 ………………………………… (1)
(一)促早熟和促晚熟栽培……………………………………… (2)
(二)防御栽培…………………………………………………… (2)
二、保护地生产的现状 ………………………………………… (2)
三、保护地生产的发展趋势 …………………………………… (4)
第二章　大樱桃保护地栽培设施类型与建造………………… (7)
一、设施类型 …………………………………………………… (7)
(一)按其应用的主要目的划分设施类型……………………… (7)
(二)按其建筑材料划分设施类型……………………………… (8)
(三)按其结构划分设施类型…………………………………… (8)
(四)按其覆盖方式划分设施类型……………………………… (9)
二、温室和大棚的性能 ………………………………………… (9)
(一)光照………………………………………………………… (9)
(二)温度 ……………………………………………………… (10)
(三)湿度 ……………………………………………………… (10)
三、设施设计与建造…………………………………………… (11)
(一)日光温室设计与建造 …………………………………… (11)
(二)塑料大棚设计与建造 …………………………………… (17)
四、温室和大棚覆盖物与附属设施…………………………… (20)
(一)覆盖物 …………………………………………………… (20)
(二)附属设施及材料的配备 ………………………………… (21)
五、覆盖材料的连接与覆盖方法……………………………… (23)

(一)塑料薄膜的剪裁和烙接 …………………………… (23)
(二)塑料薄膜和草苫的覆盖方法 ……………………… (23)
第三章 适宜保护地栽培的优良品种与苗木繁育 ………… (24)
一、优良品种………………………………………………… (24)
(一)适宜作主栽的优良品种 …………………………… (24)
(二)适宜作授粉栽培的品种 …………………………… (27)
二、苗木繁育技术…………………………………………… (29)
(一)大樱桃砧木资源 …………………………………… (29)
(二)苗木培育技术 ……………………………………… (34)
第四章 园址选择与苗木栽植 ………………………………… (48)
一、园址选择………………………………………………… (48)
(一)对周围环境的要求 ………………………………… (48)
(二)对土壤条件的要求 ………………………………… (48)
(三)对排灌条件及水质的要求 ………………………… (49)
二、苗木栽植与授粉树的配置……………………………… (49)
(一)幼苗栽植 …………………………………………… (49)
(二)大树移栽 …………………………………………… (52)
(三)授粉树的配置 ……………………………………… (55)
第五章 田间管理 ……………………………………………… (57)
一、与田间管理相关的生物学特性………………………… (57)
(一)大樱桃的生长发育特点 …………………………… (57)
(二)大樱桃生长发育对环境条件的要求 ……………… (62)
二、田间管理技术…………………………………………… (65)
(一)覆盖与升温 ………………………………………… (65)
(二)设施调控 …………………………………………… (67)
(三)花果管理 …………………………………………… (74)
(四)土肥水管理 ………………………………………… (77)
(五)采收后树体管理 …………………………………… (87)

第六章 整形修剪 ……………………………………………… (88)
一、与整形修剪相关的生物学特性…………………………… (89)
(一)大樱桃树体各部类型与相关特性 ………………… (89)
(二)树体结构 ………………………………………………… (96)
二、整形修剪的基本原则、时期与方法 …………………… (98)
(一)整形修剪的基本原则 ………………………………… (98)
(二)整形修剪的时期 ……………………………………… (99)
(三)整形修剪的主要方法 ………………………………… (99)
三、主要树形及其整形修剪技术 ………………………… (106)
(一)主要树形与整形方法………………………………… (106)
(二)结果枝组的培养与修剪……………………………… (114)
(三)结果期树的修剪……………………………………… (117)
四、整形修剪中存在的问题与处理 ……………………… (120)
(一)整形方面……………………………………………… (120)
(二)修剪方面……………………………………………… (126)
第七章 病虫害与缺素症的防治………………………… (132)
一、病虫害防治 …………………………………………… (132)
(一)病害及其防治………………………………………… (132)
(二)虫害及其防治………………………………………… (141)
二、缺素症防治 …………………………………………… (165)
(一)缺镁…………………………………………………… (165)
(二)缺硼…………………………………………………… (165)
(三)缺铁…………………………………………………… (166)
第八章 采收与包装……………………………………… (167)
一、采收时期与方法 ……………………………………… (167)
二、分级包装 ……………………………………………… (168)
第九章 生产中存在的问题与对策……………………… (169)
一、落花落果 ……………………………………………… (169)

(一)落花落果原因 …………………………………………… (169)
(二)防止落花落果的关键措施…………………………… (171)
二、隔年结果 ………………………………………………… (172)
(一)隔年结果原因…………………………………………… (172)
(二)杜绝隔年结果的关键措施 ………………………… (174)
三、保护地灾害 ……………………………………………… (175)
(一)自然灾害………………………………………………… (175)
(二)人为灾害………………………………………………… (177)
附录…………………………………………………………… (181)
附录 1 常用肥料的性质与养分含量 ……………………… (181)
附录 2 无公害果品生产禁止使用的农药品种 ………… (186)
附录 3 常用杀菌剂的配制 ………………………………… (187)
附录 4 保护地大樱桃管理技术规范 ……………………… (191)
参考文献……………………………………………………… (204)

第一章 大樱桃保护地栽培的意义与发展趋势

大樱桃是甜樱桃和酸樱桃的统称，我们所称的大樱桃实际是指欧洲甜樱桃，也称甜樱桃。大樱桃在北方落叶果树中，以其成熟期最早、果实色泽艳丽、晶莹美观、果肉柔软多汁、营养丰富，被誉为果中珍品，无论是露地栽培还是保护地栽培，生产效益一直很好。但是，由于大樱桃树体抗寒性较差，我国露地大樱桃的栽培区域主要集中在山东的烟台、龙口、泰安、威海，辽宁的大连，河北的秦皇岛、昌黎，以及北京、陕西、山西、河南、四川、甘肃等地。而采取保护设施栽培，使其栽培区域有了很大的扩展，促早熟和促晚熟栽培，可以扩展至辽宁大连以北，以及吉林、黑龙江、内蒙古、新疆等非露地栽培区域。

一、保护地栽培的目的与意义

大樱桃保护地栽培是指利用塑料大棚、日光温室或其他设施，通过改变或控制其生长发育的环境因素，达到生产目标的一种特殊栽培方式。

大樱桃的保护地栽培，根据其目的不同，可分为促早熟（提早）栽培和促晚熟（延晚）栽培，以及防御栽培（避雨、防鸟、防霜冻）等。其中促早熟栽培和防雨栽培是保护地栽培的最主要的目的，应用广泛，生产面积较大。与露地栽培相比，大樱桃保护地栽培具有以下特点和意义。

(一)促早熟和促晚熟栽培

大樱桃果实不耐贮藏，所以市场季节性断档时间较长，而采取促早熟和促晚熟栽培，无论是温室还是大棚，都可灵活调节成熟期，大幅度提高经济效益，经济效益可增至几倍甚至十几倍，从而也延长了鲜果的供应期。

大樱桃树体抗寒性较差，冬季－18℃条件下就会发生冻害，我国北方大部分地区露地栽培大樱桃不能安全越冬，而采取促早熟和促晚熟栽培，可为其提供适宜的生长发育条件，如温度、湿度等环境条件，可以不受地理纬度的制约，扩大栽培区域，不但可以安全生产，而且可以达到提早成熟或延晚成熟的目的，北方保护地栽培较南方地区具有提早覆盖、提早升温、提早成熟和延晚升温、延晚成熟的优势。促早熟和促晚熟栽培是本书叙述的重点。

(二)防御栽培

露地栽培大樱桃，在果实发育期经常受降雨的影响，造成果实裂口霉烂；在果实成熟期还会遭到各种鸟害，造成减产；在开花期又常遭受晚霜危害，造成坐果率降低。而采取防雨、防鸟和防霜冻栽培，可避免风雨、霜冻和鸟啄果实等自然灾害，保证树体和果实在最佳生态环境中生长发育，获得稳定产量和优良品质。

由于大樱桃保护地栽培有很多露地栽培不能比拟的突出作用，所以大樱桃的保护地栽培，受到各级政府和广大果农的高度重视，保护地大樱桃生产也正在稳步迅速发展。

二、保护地生产的现状

大樱桃保护地栽培最早始于欧洲，在20世纪70～80年代，欧洲的瑞士、意大利、德国、挪威、丹麦、比利时及亚洲的日本等国，先后在大樱桃防降雨裂果、防鸟害、防风、防霜冻等方面进行保护地栽培，取得了成功，提出了综合技术和基本标准，并陆续应用于生产，使大樱桃保护地栽培有了较大的发展，其中以日本发展较快。据有关报道，到1990年日本大樱桃保护地栽培面积已达757公顷，占大樱桃总面积的1/4；但其保护设施主要是防雨和连栋式大棚，以防御自然灾害为主要目的。

我国在20世纪90年代开始对大樱桃保护地栽培进行探讨研究。1991年山东省烟台市和莱阳市率先进行生产试验，其后辽宁、河北等地也相继开展了相关的试验研究和生产试栽。我国大樱桃栽培起步虽然较欧洲、日本等国家、地区晚近20年，但科研、生产发展都相当之快。在研究方面，1992—2001年，山东省烟台市果树研究所试验获得促成果实比露地栽培早熟60天左右的成果之后，辽宁省果树研究所于1998—2001年期间，在大樱桃温室栽培技术研究上取得了多项显著成果，筛选出一批适合温室栽培的优良品种，明确了主栽品种和授粉品种；首次准确测定出红灯等品种的休眠期低温需求量为850～1 040小时；探索出当外界气温第一次出现0℃以下低温时（初霜冻），即可覆盖的新措施，这比传统的覆盖时间提前20天左右；明确提出温室大樱桃的花芽分化始期为花后20～25天，这为适时采取促进花芽分化的管理措施，从根本上克服隔年结果现象提供了科学依据；应用该研究成果，可使大樱桃成熟期比露地提前90天左右，获得比露地栽培高8倍以上的经济效益。然后又与辽宁省普兰店市大农高效示范园区，共同开展了大樱桃温室强制休眠栽培技术研究，研制出采取人工制冷等系列强制休眠技术，创造了温室大樱桃于春节期间成熟上市的研究成果，其成熟期比露地提早127天，比按常规技术管理的温室提早57天，使大樱桃保护地栽培研究有了新进展。

2001—2003年，又针对保护地大樱桃生产中出现的落花落果、隔年结果等技术难题，开展了深入的调查和试验研究，先后深入辽宁、吉林、黑龙江、内蒙古、山西、陕西、山东等地进行实地考察，找出造成落花落果和隔年结果的主要原因，探讨出杜绝落花落果和隔年结果的关键技术措施，在生产中推广应用后，使温室和大棚的大樱桃真正达到连年高产和稳产，经济效益显著。

在大樱桃保护地试验研究中，还制定了《大樱桃保护地丰产优质栽培技术规范》，使大樱桃保护地生产有章可循、有据可依。其中"大树移栽速成高效栽培技术"在生产中得到广泛应用，当年栽植翌年见效。

科学研究成果有力地促进了生产发展，近年大樱桃保护地栽培方式逐渐拓宽，规模逐渐扩大，面积不断增加，效益日益增长。各地生产中出现了一批高产、优质、高效典型，如陕西省灞桥区东李村大樱桃协会的会员们，在第二年的大棚生产中应用了防止落花落果和隔年结果的关键措施后，大樱桃每 667 米^2 平均产值由第一年的 1 万元左右，普遍提高至 5 万元左右，最高达 20 多万元；辽宁省大连金州、庄河，山东省烟台、蓬莱等地区的果农，每 667 米^2 效益也由 3 万元提高至 8 万元左右，辽宁省沈阳、朝阳等地的果农，由每 667 米^2 效益不足 1 万元，提高至 5 万元左右。

保护地丰产、稳产、高效益的生产典型，在山东省烟台市、莱阳市、枣庄市，辽宁省大连市、沈阳市、朝阳市，河北省昌黎市，北京市等地都比比皆是，全国大樱桃保护地成功的事例不胜枚举。

三、保护地生产的发展趋势

大樱桃受气候条件制约，露地适栽地域有限，使得大樱桃总产量及人均占有量，均远远低于苹果等其他果品，又是人们喜食的小水果，决定其有很大的消费空间。大樱桃生产中诸多管理环节（修剪、疏蕾疏果、采收等）皆靠手工操作，机械化程度低，生产成本较高，也制约其发展，但是我国有丰富的劳动力资源，尤其是保护地反季节栽培，生产季节是在冬季，与露地生产不争夺劳力，因此具有发展大樱桃生产的有利条件。保护地栽培大樱桃其果实发育期间，很少施用农药，特别是不需要施用杀虫剂，发生害虫时极易实施人工防治，是合格的无公害果品，易被消费者接受。

保护地栽培是增加大樱桃产量和提高栽培效益的一条重要途径，随着农村全面建设小康社会的进展，向着高产、优质、高效方向的农业产业结构调整正在日趋深化，保护地大樱桃的高效益日显突出，是种植业中效益较高的产业，激起种植户和各级领导的种植热情和广泛关注。大樱桃保护地研究成果的示范和推广，以及先进生产典型的带动，都促进了保护地大樱桃的快速发展，上述种种决定了我国大樱桃保护地栽培已呈现出健康、稳步发展的良好势头，必然得到不断的新发展。

纵观我国及世界果树保护地（设施）栽培可以预料，在大樱桃保护地栽培的科研与生产中，今后人们将重视以下技术环节。

第一，选育新品种。选育和应用大果型（单果重在 8 克以上）、果柄粗而短（果柄粗度 0.18 厘米以上，长度 3 厘米以下）、品质优良（可溶性固形物含量达 17%以上）、果皮厚韧、抗裂果、外观亮丽、耐贮运（自然存放货架期 7 天以上）、短低温（低温需求量在 800～1 200 小时）的优良新品种。

第二，完善更新保护设施。从各地实际出发，选择不同的保护设施类型和不同的栽培方式，充分利用当地自然资源和设施条件，降低生产成本和延长设施的使用年限。

第三，科学管理。重视技术培训，提高生产者的技术素质，严格按照规范精细管理，提高产量和果实质量，尤其注重绿色无公害果品生产。

第四，深入研究。进一步深入研究保护地条件下大樱桃的主要生物学特性、开花结果习性、营养特点、肥水需求规律等，提出与之相适应的有效栽培管理技术规范和标准，以确保丰产、稳产、优质、高效,使科学技术在产业效益中的份额不断提高。

第五,广泛示范和推广。加大科技成果转化力度,使科学研究成果在大樱桃保护地栽培中的推广应用不断创新。

我们应顺应果树保护地栽培的发展趋势,采取有效措施,把大樱桃保护地栽培做大、做好,以创造更大的社会效益和经济效益。

第二章 大樱桃保护地栽培设施类型与建造

保护地栽培的设施类型选择和建造质量,将直接影响其升温的时间和保温及采光效果,进而影响树体生长发育和果品的产量、质量。所以设施类型的选择和建造质量是保护地栽培成功的关键一环。由于设施是长久性建筑且投资大,所以,设施类型选择与建造应从长远目标考虑。

一、设施类型

大樱桃保护地栽培的设施类型主要有塑料日光温室和塑料大棚。此两种类型主要是以促早熟和促晚熟栽培为目的的栽培设施,此外还有帐篷等,这种类型也属保护地栽培范畴,但其目的是以防雨、防鸟害等为主的栽培方式。

(一)按其应用的主要目的划分设施类型

1. 促成栽培 促成栽培包括促早熟栽培和促晚熟栽培,促晚熟栽培也称延晚栽培。促成栽培是我国大樱桃保护地生产中的主要栽培目的之一。促早熟栽培是采取人为措施,在满足大樱桃低温需求量之后,促其较露地提前开花结果;促晚熟栽培也是采取人为措施,将大樱桃的开花结果期较露地延后一段时期。促早熟和促晚熟栽培方式的优势区在我国的北方各省份。北方各省份进入秋冬季的时间较南方地区早,而落叶果树的生长发育特性是在满足低温需求量后，就可以以保护地的形式，提早促其开花结果，使果实较露地提早成熟 1～3 个月；相反，越是往北，春季回暖越晚，还可以以保护地的形式，采取人为措施促其延后开花结果，使其果实较露地延后成熟 1～2 个月。

2. 防雨和防霜雹栽培　露地大樱桃的果实成熟期常会遇到降雨，引起果实发生不同程度的裂口；开花期还会遇晚霜危害，降低坐果率；幼果期遇冰雹会伤及果实和叶片，采取人工在树冠上方架设塑料薄膜，形成保护伞，以达到防裂果和防霜雹的目的。

3. 防鸟害栽培　露地大樱桃的果实成熟期，会有各种鸟啄食着色的果实，造成减产。采用专用的防鸟网将果园或树冠罩上，达到防止鸟啄食果实的目的。

（二）按其建筑材料划分设施类型

1. 竹木结构　主要建筑材料是竹竿（或木杆）、竹片和水泥立柱，其建筑材料成本低，但使用年限较短，竹竿或木杆用久后出现扁裂或腐烂需要更换。

2. 钢架结构　主要建筑材料是钢管和钢筋，其空间大，无支柱，土地利用率高，方便作业，使用年限较长，但建筑材料较竹木结构成本高，钢管和钢筋也需刷漆维护。

（三）按其结构划分设施类型

1. 温室　在保护地栽培中，把具有东、西、北 3 面为立墙、南面为斜面或半拱圆形采光面的设施，称为温室。覆盖塑料薄膜的温室称为塑料日光温室，简称为日光温室。这种温室保温性能好，适于北纬 35°以北地区的大樱桃促早熟或促晚熟栽培。

2. 大棚　在保护地栽培中，屋面为全拱形或屋脊形、四周无墙体、屋面覆盖塑料薄膜的设施，称为塑料大棚。塑料大棚有单栋式和连栋式 2 种，按其有无覆盖物又分暖棚和冷棚，有覆盖物的大棚称为暖棚,无覆盖物的则称为冷棚。塑料大棚土地利用率高,但保温性能差,多在北纬 42°以南地区应用,但以北纬 35°左右地区应用最多。塑料大棚无墙体,建造成本低,与温室配套栽培,可延长果品供应期,露地大樱桃能安全越冬的地区,利用大棚栽培可采取覆盖草苫和无覆盖草苫 2 种方式,北部寒冷地区必须覆盖草苫。

(四)按其覆盖方式划分设施类型

1. 外保温式 将保温覆盖物覆盖在温室和大棚膜外面的称外保温式。目前生产中的温室和大棚多采用外保温形式,外保温的优点是保温效果好,缺点是保温覆盖物湿水后,既增加了重量,又降低保温性,而且影响卷放;保温覆盖物的材料均有易燃性,存在火灾隐患;保温覆盖物为草苫时,对棚膜还存在污损,降低薄膜保温效果和透光率。

2. 内保温式 将保温覆盖物安装在温室或大棚的里面称为内保温式。内保温材料是由保温膜与泡沫复合而成的保温被,通过滑道呈折叠式或卷管卷放。内保温的优点是保温被呈内置式,不受风雨影响,整栋温室或大棚形成整体保温被,从而降低了缝隙放热性能;保温被重量轻,操作轻便,降低了温室骨架的载荷;内保温材料既不受风吹雨淋,也少受紫外线辐射,使用寿命长,相对成本较低;内保温材料与棚室骨架有 20 厘米左右的距离,这样不但提高了保温性能,又不损伤棚膜。

二、温室和大棚的性能

(一)光 照

温室和大棚的热源是太阳能,其光照强度取决于棚室外自然光的强度。强度大小随地理纬度和天气条件的变化而变化。棚室内光照强度与棚室外同步变化；另外，也取决于塑料薄膜的透光性能。棚室内的光照强度从前往后依次减弱，后屋面内光照强度最弱，温室的东、西山墙附近，在午前或午后，由于山墙遮阴，光照强度较弱。在垂直方向上，光照强度从上至下递减，若在薄膜内侧附近，相对光照强度为80%时，那么距地面0.5～1米高度，相对光照强度只有60%左右，所以地面相对光照强度更小。

（二）温　度

由于温室和大棚内的热量来源于太阳辐射，因此棚室内温度高低与光照有直接的关系。晴天光照强，棚室内温度高；夜间和阴天温度较低。冬季和早春棚室内外温差多在15℃以上，棚室内最低气温出现在揭开保温覆盖物之前，刚揭开时，棚室内气温会略有下降，但很快回升。晴天的上午如果不开通风口时，每小时可上升5℃～6℃，下午1时左右气温最高，然后逐渐下降，直至放下保温覆盖物，但放下覆盖物后，气温又会回升1℃～2℃，至夜间棚室内温度还会缓慢下降，一般下降3℃～8℃。日光温室内各部位温度的水平分布也有差异，白天南高北低，夜间北高南低，上午靠近东山墙部位气温较低，西山墙附近较高。下午近西山墙部位气温较低，东山墙附近较高。近门部位温度也较低。室内气温呈垂直分布，上部气温高，向下逐渐降低。

棚室内的地温规律是中部最高，前底角处最低，山墙底根处和近门处地温较低。

（三）湿　度

影响棚室内湿度的主要因素是地面土壤水分和棚膜冰霜及滴水。土壤水分主要来源于灌溉，因此灌水后土壤湿度最大，棚室内的湿度也就最大。揭开覆盖物后，外界温度低、光照不足时，棚膜结霜或棚内有雾，此时湿度最大。温度低时由于树体蒸腾和地面蒸发量较小，空气湿度大。温度高时，夜间湿度大于白天湿度，阴天时的湿度大于晴天的湿度。每天刚揭开覆盖物时空气湿度最高，通风后湿度随温度升高而逐渐下降，到下午 2 时以后随温度的下降又开始升高。棚室内，白天空气相对湿度多在 20%～60%，夜间多在 80%以上。

三、设施设计与建造

(一)日光温室设计与建造

1. 日光温室设计 日光温室设计包括温室方位、长度、宽度(跨度)、矢高、前后屋面角等。

(1)温室方位 温室方位即温室屋脊的走向。温室的方位固定为坐北朝南(真子午线方向)，东西走向。各地区可根据本地方位，采取正南方向，或向东或向西偏 5°左右。冬季气温高的地区，或有加温设备的温室可采取正南方向，或向东偏 5°，以充分利用上午阳光，但在北方寒冷地区，由于上午气温低，不能过早揭开草苫，因此要偏西 3°～5°，以延长下午温室内光照时间。

(2)温室长度与面积 温室的长度一般为 80～100 米，面积 500～1 000 米^2 为宜。

(3)温室跨度与矢高 温室跨度是指温室南底角距北墙内侧之间的距离，也称宽度。大樱桃日光温室跨度一般为 8.5～12 米。矢高是指屋脊距地面的垂直高度，一般矢高为 3～5 米。其矢高与跨度的比值为 0.4～0.5，以利于采光和揭放覆盖物。

(4)温室前后屋面角与后屋面(后坡) 前屋面角是指前屋面与地平面的夹角；后屋面角是指后屋面与地平面的夹角，又称屋面仰角。前后屋面角度大小将直接影响温室采光效果。前屋面角大小应以利于温室采光，以及前部樱桃树生长和方便卷帘作业为前提。前屋面底角为 50°～70°，中屋面角为 20°～30°，上部屋面角为 10°～15°。后屋面角应比冬至太阳高度角大 7°～8°，一般为 25°～38°，以使温室内充满直射阳光，各地区在应用时可视具体情况而定。

温室的后屋面，一般选用短屋面，目的主要是扩大采光面，以利于大樱桃的生长发育，提高土地利用率。但在北纬 40°以北地区，后屋面也不宜太短，因为后屋面太短时白天升温快，晚间降温也快。后屋面水平投影宽度应不少于 1.5 米，以南地区可适当减少。温室后屋面的覆盖材料以保温性强、压力轻为主。

(5)温室墙体　温室墙体一般有土墙、砖墙或石头墙，砖墙材料除常见的黏土砖外，还包括空心砖、灰沙砖、矿渣砖、泡沫混凝土砖等。温室墙体厚度因各地气候条件不同而存在差异，北纬 35°左右地区，墙体厚度以 0.5～0.6 米为宜，北纬 40°以北地区，墙体厚度以 0.8～1 米为宜。冬季气温在－20℃～－30℃的寒冷地区，后墙还可砌成窑洞式墙体或干茬石式墙体，这两种墙体有蓄热功能，能提高夜间棚温 3℃～5℃。后墙高度视矢高而定。如矢高为 3 米左右时，后墙高度为 2～2.5 米；当矢高为 3.5～5 米时，后墙高为 2.5～4 米。

(6)温室间距　建造日光温室群时，前排温室与后排温室之间的距离以冬至前后不遮光为准，各地纬度不同有所差异，一般前后排温室间距为温室矢高的 1.8～2.5 倍。左右并排温室间隔一般为 4～6 米。

2. 日光温室建造　设施结构的选择，主要依据太阳辐射的强度、光照时间、气候条件及经济实力而定。我国地域辽阔，不同气候型形成不同风格温室类型，目前生产上常用的结构是半拱圆式竹木结构和钢架结构 2 种。

(1)竹木结构有柱温室　此种温室的结构前屋面为半圆拱形，温室宽 9～10 米、高 3～4 米(图 2-1)。前屋面骨架由竹竿或木杆建造，温室内东西向设 3～4 排水泥立柱，前一排柱高 1.5～1.8 米，第二排柱高 2.2～2.8 米，第三排柱高 2.8～3.5 米，后排柱高 3.5～4 米，柱的东西间距 3～4 米，南北间距 2～3 米，在水泥柱上东西向延长固定粗木杆作横梁，在横梁上南北向延长固定粗竹竿或细木杆作拱架，拱架间距 80 厘米，在每横梁和拱架交叉处各固定 1 根 6～8 厘米高的木立柱，前底角处用竹片作拱。

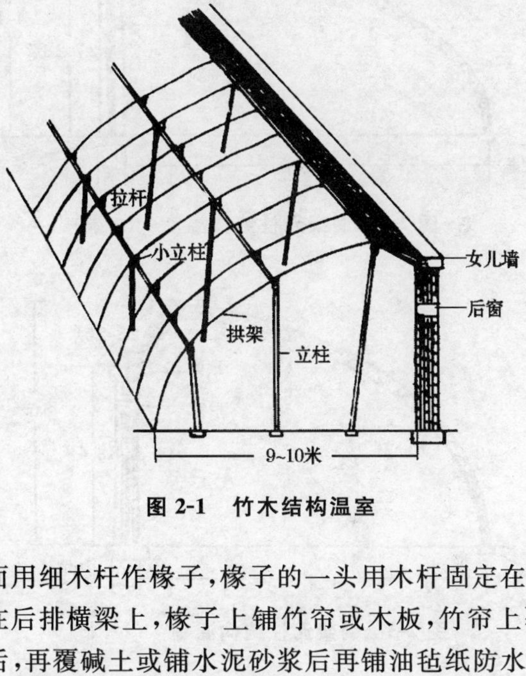

图 2-1　竹木结构温室

后屋面用细木杆作椽子，椽子的一头用木杆固定在后墙上，另一头固定在后排横梁上，椽子上铺竹帘或木板，竹帘上覆草帘、苇板或秸秆后，再覆碱土或铺水泥砂浆后再铺油毡纸防水。

后墙和两侧山墙用砖砌筑成空心墙，墙体内夹 1～2 层保温板，或内填珍珠岩等保温材料。内外墙皮抹水泥砂浆。

(2)钢架结构无柱温室　前屋面为半圆拱形，温室宽 8～12 米，矢高 3.5～5.5 米(图 2-2 和图 2-3)。前屋面为钢结构的一体化半圆拱架，拱架由上、下双弦和在其内焊接的拉花(腹杆)构成。

上弦为直径 40～60 毫米钢管，下弦为直径 10～12 毫米圆钢，拉花为直径 8 毫米圆钢。拱架间距 80 厘米，拉筋为直径 14 毫米的圆钢，东西向共设 3～4 根拉筋，温室宽度在 10 米以上的设 5 根，拉筋焊接在拱架的下弦上，两头焊接在东、西山墙的预埋件上。

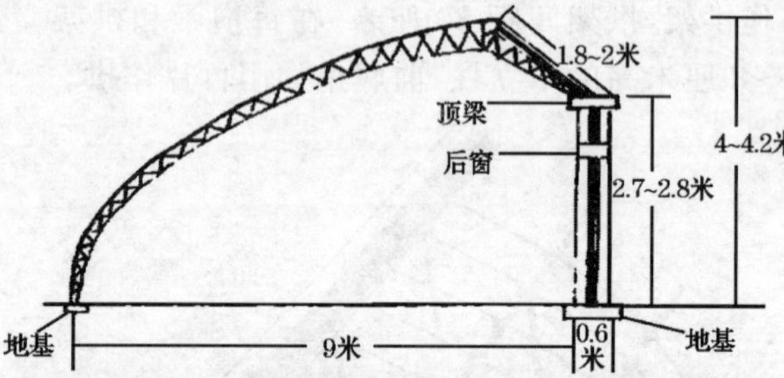

图 2-2　钢架无柱结构温室　（9 米）

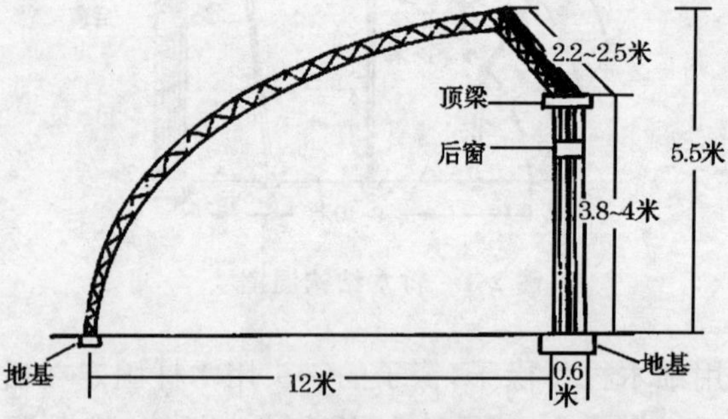

图 2-3　钢架无柱结构温室　（12 米）

墙体用红砖或水泥砖砌筑，墙体内夹保温板，墙顶处的外墙比内墙高 0.6 米（称女儿墙）。后墙、山墙和前底角的地基用毛石砌筑，深 30～50 厘米，后墙顶梁和前底角地基分别浇筑 20～25 厘米和 10～15 厘米厚混凝土。

后墙顶梁混凝土中按骨架间距预埋焊接骨架的钢筋件，并按卷帘机立柱间距预埋钢管件，如果卷帘机立柱焊接在钢骨架上，或采用单臂式卷帘机，可不预埋钢管。前底角地基混凝土中按骨架间距预埋焊接骨架的钢筋件，并在每骨架中间预埋1个用来拴压膜绳的拴绳环。两侧山墙距顶部20厘米左右，向下至前底脚处等距离预埋3～5个用来焊接3～5道拉筋的"十"字形钢筋件，山墙上面纵向镶嵌一根压膜槽。

后墙距地面1.2～2米高设通风孔或通风窗，间距4～5米，通风孔用瓷管镶嵌，管径40～50厘米，通风窗为木制或塑钢，窗口直径为55～60厘米×55～60厘米。

后屋面是在钢筋骨架上铺木板，木板上铺1～2层苯板，苯板上铺1层珍珠岩或炉渣，上面抹水泥砂浆找平层，平层上烫沥青(一毡两油)防水。后屋面钢筋骨架的正脊上，延长焊接一根6号槽钢(槽钢里放木方固定棚膜)，在槽钢外侧的每个骨架中间各焊接一拴绳环，以便拴压膜绳。

(3)背连式日光温室　背连式日光温室也称背棚，即在单栋拱圆式温室的背面，利用其后墙连体建造一个无后屋面的半拱圆式温室，此结构温室是辽宁省熊岳城地区的果农在生产实践中创造的。

这种温室前棚高、后棚矮，前后棚共用一个墙体，后棚跨度为前棚(南面棚)的3/4或4/5，覆盖的时间为前后棚相同，但揭苫时间是前棚早、后棚晚，揭苫时间一般熊岳地区前棚是在小寒至大寒期间，后棚是在立春至雨水期间。后棚果实成熟期虽比前棚晚1个多月，但比露地早1个月左右，生产效益还是挺好的。

此结构温室，前后棚共用一个墙体，既节省建筑用料，又充分利用了温室后面的空闲地，后棚又为前棚保温，加之后棚揭苫升温晚，外界温度较高，可以利用前棚上一年用过的旧膜和旧苫，也降低了生产成本。这种新型温室由于具有上述优点，近年来已在生产中逐步扩大应用，很值得推广。

(4)轻便型腔囊式日光温室　轻便型腔囊式日光温室也称内保温棚，是辽宁省农业职业技术学院研制发明的第一代内保温设施，该温室无墙体，坐北朝南。骨架为钢筋结构，工厂化生产。矢高4.5米、宽10～13米、长60～100米，架间距1～1.2米。

保温材料由保温膜与泡膜复合而成，材料轻便，卷放自如、快捷，卷帘只需2～3分钟，放帘只需几秒钟。骨架及卷放帘系统等各部件组合安装，拆装方便。棚内四周地面设蓄热恒温系统平衡室温，卷帘后保温被在棚内呈折叠式内置，不易损坏。较外保温温室，该温室具有防火，抗风雪，光照强，省工省力等特点，但保温效果不如外保温温室。此类型温室适于大连以南地区促早熟栽培大樱桃，以北地区的升温时间应延后。

(5)日光温室的内保温改造　内保温改造是指在传统的外保温日光温室基础上，将外保温温室改为内保温温室。

①整体测量：对温室的长度、脊高、前屋面弧长、弧度等进行测量，测量数据是内保温改造的基础数据，要求测量准确。

②安装滑道：根据温室长度，确定滑道数量。根据前屋面弧长度，选定保温被幅度。如温室长55米、宽7.5米、脊高3.7米，前屋面弧长8.5米，可安装7副滑道，每副滑道间距9米，滑道长8.3米。用加弯机械将滑道弯成与温室前屋面骨架相同的弧度，将滑道焊接到骨架上。两侧山墙采用膨胀螺丝固定边滑道。

③装配机械系统：在温室中央安装立柱和摇被器。装配定滑轮、动滑轮(边滑轮、间滑轮)。串联机械传动绳索和挂内绳。采用双输出轴的减速机，并安装相应的绕线筒和手摇把。安装边滑轮18个，中间滑轮45个，定滑轮27个。将其定滑轮用粗绳索串联，形成动力传动系统。将动滑轮用细绳索横向串联，形成挂被系统。再将传动和挂被两个系统合并，形成完整的叠被机械系统。

④安装内保温被：按照保温被的幅宽，将其整齐叠起，铺设在温室前底角内侧。用打孔钳在保温被合成边线打孔，每幅每米打

一个吊挂被孔，并将保温被通过专用被卡固定在挂被绳上，注意拉线与滑道要一一对应。然后，将保温被拉到温室顶端，将被的上边缘与温室后坡固定、封闭。

（二）塑料大棚设计与建造

1. 塑料大棚设计 塑料大棚的设计包括方位、长度、跨度（宽度）、高度等。

（1）方位 南北向延长建造。南北向光照分布均匀，树体受光好，还有利于提高保温和抗风能力。东西向建造的生产上也有，多数是因地块限制，东西向大棚，棚内南北两侧光照差异大，棚内有弱光带，因此最好是选南北走向。

（2）跨度 竹木结构和钢管构件的塑料大棚宽度一般为 8～20 米。

（3）长度 长度一般为 50～100 米。

（4）高度 单体大棚的高度，竹木结构以 2.5～4 米为宜，连体钢架大棚高度可达 3.5～4.5 米。大棚的肩高为 1.3～1.5 米，肩部过矮不利于边行果树生长及管理，过高会降低大棚的矢高与跨度比值。

（5）通风 塑料大棚多采用 2～3 道扒缝通风，即两侧边缝和中缝，边缝在两侧肩部离地面 1～1.5 米处，中缝在棚的中部最高位置。连体自动化管理的塑料大棚应安装自动或半自动通风装置。

2. 塑料大棚建造 生产中常见的大棚结构有竹木和钢架 2 种，其类型有单栋和连栋 2 种，连栋大棚有二连栋和多连栋，多连栋除了钢架外多数是采用复合材料。

（1）竹木结构单栋大棚 跨度 10～15 米，矢高 2.5～4 米。骨架由拱杆、立柱、横杆（拉杆）小立柱等构成。立柱 4～6 排，横向间距 2 米，纵向间距 3 米，立柱脚下置一块混凝土预制板，以防下沉。

在每排立柱上搭横杆，横杆上用竹竿或竹片做拱杆，拱杆与横杆相交处设一小立柱。每排拱架间距 0.8 米，每排拱架底脚中间处的地下埋一地锚，锚上设一系绳环，用于固定压膜绳。覆盖草苫的大棚，中间两排立柱的横向间距可适当缩小，立柱上铺木板作走台（图 2-4）。

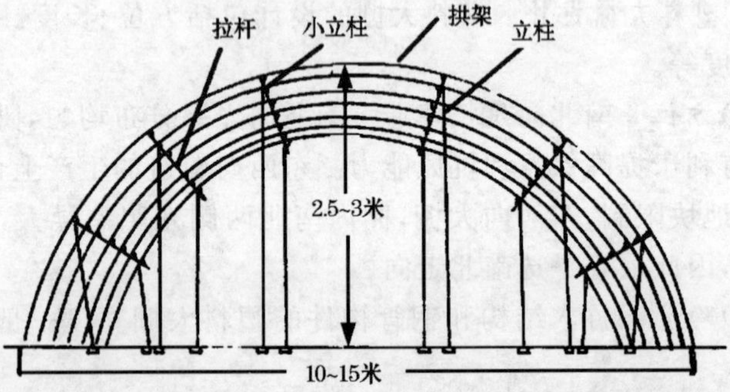

图 2-4　竹木结构大棚

（2）钢架结构单栋大棚（外保温）　跨度 15～20 米，矢高 4～4.5 米，拱架与拉筋的建造与温室相同。在棚内棚脊处设两排或一排立柱，柱间距 3～4.5 米，覆盖草苫的大棚，棚脊处覆盖木板或水泥预制板作走台，棚脊处还可安装卷帘机（图 2-5）。

（3）钢架结构组装式单栋大棚（内保温）　此种大棚拱架和保温材料采用工厂化生产，是由辽宁省农业职业技术学院研制的第二代内保温设施，目前已大面积推广应用。

跨度 11 米，脊高 3.8 米，长 60 米。拱圆形屋面，不设硬式墙体和不透明屋面，大棚骨架用"V"形镀锌槽钢，7 道拉筋用 4 分镀锌钢管，采用部件组装，所有部件全部由工业流水线生产，标准化程度高。

骨架槽钢拱杆间距 1 米，两端与地面交接处先埋入地脚。地脚用混凝土（水泥砂浆和碎石）浇筑成梯形，顶端 20 厘米×20 厘

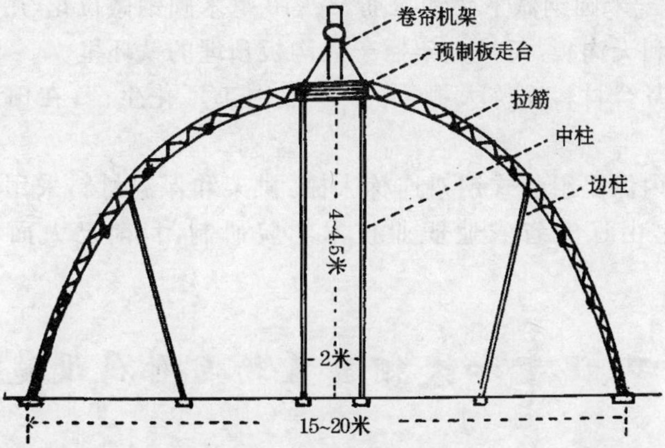

图 2-5 钢架结构大棚

米、底端 30 厘米×30 厘米、高 30 厘米，从顶端的中部到底端有一垂直孔洞，顶端 5 厘米深留出缺口，以便装入槽钢拱杆。地脚需提前浇筑，埋入温室两侧拱杆基部，上端较地面略高。安装拱杆时，两端装入地脚上口，用 50 厘米 Φ10 钢筋，从拱杆的槽中穿透地锚插入地中。拱杆两端装入地脚后，用 4 分镀锌管拉筋，固定拱杆。在拱杆下面按 3 米间距，用一寸镀锌钢管作为支撑保温被的拱杆，两端插入土中，保温被与屋面薄膜有 20 厘米的间距。屋面铺塑料薄膜后，压膜线压在拱杆的槽中，基部用 Φ8 铁线拴 1～2 块砖，埋 30 厘米深，露出铁线套，以便绑压膜线。

内保温组装式大棚的全部构件，从拱杆、拉筋到螺丝都是由工业流水线生产的标准件，规格统一，用户按说明书即可安装。

(4)连栋大棚　目前生产中的连栋大棚多数是由钢架结构或复合材料建成，连栋大棚分有覆盖和无覆盖 2 种类型。

①钢架连栋大棚：骨架采用圆钢拱形悬梁结构，棚顶用圆钢焊接成拱形吊梁，边立柱与两棚相交处的立柱，每隔 4～5 米设一根，基部焊接在水泥基座上。拱架由直径 40～60 毫米钢管做上弦，

12～16毫米圆钢做下弦和拉筋，8～10毫米圆钢做拉花，用水泥预制支柱和天沟板，每排拱架插于天沟板预埋的铁环里。

②复合材料连栋大棚：骨架一般由工厂化生产，在田间组装而成。

③内保温组装式钢架连栋大棚：拱架和保温材料采用工厂化生产，是由辽宁省农业职业技术学院研制，目前已大面积推广应用。

四、温室和大棚覆盖物与附属设施

(一)覆 盖 物

覆盖物包括塑料薄膜、草苫、保温被(防寒被)、纸被等。

1. 塑料薄膜　塑料薄膜是直接覆盖在温室和大棚骨架上的透光保温材料，生产中常用的塑料薄膜有聚乙烯长寿无滴膜和聚氯乙烯无滴防雾膜以及聚烯烃膜(PO)3种。用于温室和大棚樱桃生产的薄膜厚度为0.10～0.12毫米。聚乙烯和聚烯烃膜抗风能力强，适用于冬春季风较大的地区使用。聚乙烯膜比重小，同样重量的聚乙烯比聚氯乙烯的覆盖面积多20%～30%，使用聚乙烯可降低生产成本，其透光率衰减速度较慢。聚氯乙烯无滴防雾膜抗风能力弱，适用于冬春季风较小的地区使用。该膜的透光率和保温性能好，不产生水滴和雾气。不足之处是透光率衰减速度比聚乙烯膜快，在高温条件下，膜面易松弛，大风天易破损。聚烯烃膜是近几年开始应用的，其透光率和防雾、防水滴性能，以及抗风、抗灰尘性能比较好，不易老化，但售价较高，生产中应用不是很普遍。无论哪种薄膜，其覆盖樱桃温室或大棚生产1年后需换新膜，因其使用1年后其透光率、防雾等性能都有不同程度下降，延迟樱桃的成熟期。

2. 外保温材料

(1)草苫　是覆盖在塑料薄膜上的不透光保温材料,草苫多为机械编制,取材方便,价格比较低。幅宽1.2～1.5米,长度随需要而定,厚度为5～8厘米。草苫使用寿命一般为2～3年。

(2)保温被　也称防寒被,是覆盖在塑料膜上的不透光保温材料,是草苫的换代产品,常用的有2种,一种是由化纤绒制成,被里由3～5层化纤毯或膨胶棉絮制成,内夹1～2层薄膜防水,被面由防水、耐火、抗老化的3种原料热压在单层化纤毯上制成的,另一种是用防雨绸布中间夹1～2厘米厚的聚乙烯发泡膜制成,幅宽1.7～2米。这两种被重量轻,保温效果好,虽然造价高,但使用年限长。

(3)纸被　是用在草苫或棉被下面的外保温材料,纸被是由3～5层牛皮纸缝制而成,常用在北纬40°以北地区,为防御特殊低温,加在草苫或棉被下面的起保温作用的保温材料,宽窄无一定规格。

3. 内保温材料　内保温材料主要是内保温被。内保温被由保温膜与泡膜复合而成,利用高分子感光复合材料,组合成腔囊(空心)保温被,由三层材料复合(反光层+隔热层+反光层),材料全面紧密复合,便于电动机械系统操作。该保温材料重量轻,操作轻便,降低了温室和大棚骨架的载荷。

(二)附属设施及材料的配备

1. 卷帘机　目前生产上普遍应用电动卷帘机,有卷杠式和单臂式,卷杠式即在温室的后屋面上每3米设一角钢支架或钢管支架,在支架顶部安装轴承,穿入直径50～60毫米的一道钢管作卷管,在棚中央设一方形支架,支架上安装一台电动机和一台减速器,配置电闸和开关,卷放草苫时扳动倒顺开关即可卷放。卷放时间为8～10分钟,为加快放苫速度,还可安装闸把盘。大棚卷苫可将卷帘绳一正一反拴在卷杆上，将两侧草苫同时卷放。单臂式卷帘机不需要在后屋面上安装卷杠，卷杆安装在温室前地面正中央。单臂自行式卷帘机，包括卷帘用的驱动杠，驱动杠通过减速器与传动轴一端连接，传动轴另一端与驱动装置连接，整个驱动装置坐落在一个带行走轮的传动箱内，具有结构简单，使用可靠，使用寿命长的特点。

2. 卷帘机遥控设备　遥控设备主要是遥控器，是无线设备，在 100 米内任何一个地方均可控制卷帘机的制动装置，一般每台遥控器控制 1 台卷帘机。

3. 输电线路　建造保护地设施时必须安全配置输电线路，以方便卷放草苫和灌溉、照明等用电。

4. 灌溉设施　冬季灌溉用水，必须是深井水，以保持有 8℃以上的水温，水井在室外的，要设地下管道引入保护地内，管道需埋在冻土层下。保护地灌溉方式最好是蓄热式滴灌。

5. 作业房　作业房是管理人员休息或放置工具等场所，建筑面积一般为 8～20 米^2，建在温室的东、西山墙处。大棚一般不建作业室，只在大棚的出入口或门口处留出一定空间，供人员休息和放置工具。

6. 温湿度监控设备　观测温度的常用设备有吊挂式水银或酒精温度计，观测湿度的设备有干湿球温度计，有条件的还可安装温度自动控制设备。

7. 卷帘绳和固膜绳　卷帘绳和固膜绳多为尼龙绳，常用的卷帘绳的粗度为直径 8 毫米，人工卷帘的温室和大棚，每块草苫需用 1 根绳，机器卷帘的每 3 延长米左右 1 根。固膜绳的粗度为直径 6 毫米，每骨架空间 1 根。

五、覆盖材料的连接与覆盖方法

(一)塑料薄膜的剪裁和烙接

先将薄膜按温室或大棚的长度或略长于温室裁剪,再用电熨斗或专用胶水黏合。聚乙烯和聚烯烃薄膜用电熨斗黏合,聚氯乙烯薄膜还可用环已酮胶黏合。聚乙烯薄膜幅宽一般为 9～12 米,符合棚面宽窄的可不用黏合,裁后可直接覆盖。聚氯乙烯薄膜幅宽一般为 3～9 米,需按温室或大棚的跨度决定裁成相同长度的几块,8～9 米跨度的温室需裁成 3 块,如果棚面不留通风缝的可将 3 块薄膜烙接在一起,留通风缝的可根据风口位置剪裁,在风口的两条边各内置一根尼龙绳(风口绳)烙合或黏合。

(二)塑料薄膜和草苫的覆盖方法

覆盖薄膜时,要选择无风或风力较小暖和的天气,覆盖方法以日光温室为例,先将压膜绳拴于后屋面(大棚正脊处),再把膜沿温室走向放在前底脚后,用压膜绳将膜拉到后屋面上,从上往下放膜,使膜覆盖整个棚面,再将膜的一端固定在一侧山墙上,然后集中人力在另一侧山墙上抻紧、抻平薄膜后,将山墙和后屋面上的薄膜同时固定好,同时拴紧压膜绳。

覆盖薄膜后立即覆盖草苫,覆盖草苫的方法有 2 种,一种是从中间分别向两侧覆盖,另一种是从一侧开始覆盖,东南风频繁的地区,需从西侧开始覆盖,西北风频繁的地区,需从东侧开始覆盖。机械卷帘的需将草苫或被连接成一个整体。覆盖后将底脚草苫或被固定在底脚杆上,使之成为一体。

第三章　适宜保护地栽培的优良品种与苗木繁育

大樱桃是甜樱桃和酸樱桃的统称，生产中露地和保护地栽培的大樱桃主要是甜樱桃，尤其是保护地栽培必须选择甜樱桃品种，在诸多甜樱桃品种中，促早熟栽培的品种选择目标应以早熟和中熟，丰产，果个大，果色红，果柄短粗，品质优，抗裂果，需冷量低等综合性状好的品种为主栽品种；促晚熟栽培的品种选择目标应以晚熟、极晚熟，丰产，果个大，果色红，果柄短粗，品质优，抗裂果，需冷量高等综合性状好的品种为主栽品种。另外，还需选择花粉多、与主栽品种授粉亲和力好、需冷量相近的品种为授粉品种。经辽宁省果树研究所多年试验研究和各地专业户生产实践表明，目前适宜保护地栽培的优良主栽品种有红灯、美早、金顶红、拉宾斯、先锋、8-129、5-106、萨米脱、得利晚红等，授粉品种有佳红、雷尼、红艳等。

一、优良品种

（一）适宜作主栽的优良品种

1. 红灯　系大连市农业科学研究所培育，为早熟大果型品种，平均单果重 9 克。果实肾形，整齐，果柄短粗。果皮浓红色至紫红色，有鲜艳光泽。果肉红色，肥厚多汁，可溶性固形物含量 17％左右，酸甜适口，品质好。耐贮运，抗裂果，果实发育期 45 天左右。

该品种树势强健，幼树期树姿直立，生长旺盛，枝条粗壮。盛果期后树姿呈半开张型，定植后 4 年开始结果，进入盛果期稍晚。盛果期后连续结果能力强，丰产性好。是保护地促早熟栽培的首选主栽品种。

2. 美早（塔顿、7144-6） 系美国培育，为中熟大果型品种，平均单果重 10 克。果实宽心脏形，果顶稍平，果柄短粗。果皮红色至紫红色，有鲜艳光泽。果肉红色，肉肥厚，质韧多汁，可溶性固形物含量 17%左右，酸甜适口，品质好。抗裂果，耐贮运，果实发育期 55 天左右。

该品种树势强健，树姿半开张，幼树萌芽力与成枝力均强，生长旺盛，枝条粗壮。进入盛果期稍晚，定植后 4 年开始结果。连续结果能力强，丰产性好。是保护地促早或促晚熟栽培的首选主栽品种。

3. 金顶红 系大连金州区金科科技培训服务中心与金州区果树技术推广中心选育，为晚熟大果型品种，平均单果重 13 克。果实宽心脏形，果柄粗长。果皮红色至深红色，厚韧。果肉红色，较脆，多汁，可溶性固形物含量 17%左右。抗裂果，耐贮运，果实发育期 60 天左右。

该品种树势强健，树姿半开张，易成花，幼树达结果期早，短枝性状明显，丰产稳产，是很有发展前途的保护地促晚熟栽培的首选主栽品种。

4. 拉宾斯 系加拿大品种，为中熟大果型品种，平均单果重 8 克。果实近圆形或卵圆形，果柄短粗。果皮紫红色，厚而韧，果肉红色，肥厚多汁，在果实未完熟时酸度较高，果实成熟后，酸度下降，味道甜美可口，可溶性固形物含量 16%左右。抗裂果，耐贮运。果实发育期 50 天左右。

该品种树势健壮，幼树枝条直立，树姿开张，短枝型，连续结果能力强，极丰产。自花结实率高，是一个广泛的花粉供体。可作为保护地促早和促晚熟栽培的主栽品种之一，也可作授粉品种。

5. 先锋 系加拿大品种，为中熟大果型品种，平均单果重8克。果实肾形，果柄短粗。果皮浓红色，厚而韧，色泽艳丽。果肉玫瑰红色，肉质肥厚多汁，可溶性固形物含量17%左右。耐贮运，抗裂果。果实发育期55天左右。

该品种树势强健，新梢生长直立，粗壮，连续结果能力强，极丰产。可作为保护地促早和促晚熟栽培的主栽品种之一，也可作授粉品种。

6. 早红珠(8-129) 系大连市农业科学研究所培育，为早熟大果型优系，平均单果重9克。果实宽心脏形，果面全面紫红色，有光泽，果肉紫红色，质较软，肥厚多汁，酸甜味浓，可溶性固形物含量18%左右，较耐贮运。果实发育期42天左右。

该品种树势强健，生长旺盛，树姿半开张，萌芽力和成枝力较强，丰产性好，可作为保护地促早熟栽培的主栽品种之一。

7. 5-106 系大连市农业科学研究所培育，为极早熟大果型优系，平均单果重8克。果实宽心脏形，果面全面紫红色，有光泽。果肉紫红色，质较软，肥厚多汁，风味酸甜适口，可溶性固形物含量17%左右，较耐贮运。果实发育期38天左右。

该品种树势强健，生长旺盛，树姿半开张，丰产性好，可作为保护地促早熟栽培的主栽品种之一。

8. 萨米脱(沙米豆) 系加拿大品种，为大果型中熟品种，平均单果重9克。果实长心脏形，果柄长。果皮浓红色，有光泽，皮薄而韧，肉硬，可溶性固形物含量17%左右，风味浓，品质好。抗裂果，耐贮运。果实发育期55天左右。

该品种树势强健，生长旺盛，树姿半开张，丰产、稳产，可作为促早熟或促晚熟栽培的主栽品种之一，也可作授粉品种。

9. 晚红珠(8-102) 系大连市农业科学研究所培育，为大果型晚熟品种，平均单果重9克。果实宽心脏形，果柄中长。果皮洋红色，有光泽。果肉天竺葵红色，肉质较脆，肥厚多汁，风味酸甜，可溶性固形物含量18%左右，品质好，较耐贮运。果实发育期65天左右。

该品种树势强健，生长旺盛，树姿半开张，丰产、稳产，可作为促晚熟栽培的主栽品种，也可作授粉品种。

10. 得利晚红（晚大紫） 系大连瓦房店市得利寺镇农业技术推广站与大连得利高新果业有限公司选育，为大果型极晚熟品种，平均单果重8克。果实近心脏形，果柄长。果皮红色至紫红色，有光泽，果皮厚韧，抗裂果。可溶性固形物含量18%左右，品质极佳，耐贮运。果实发育期65天左右。

该品种树势强健，生长旺盛，树姿半开张，幼树达结果期早，丰产稳产，是保护地促晚栽培的首选主栽品种，也可作授粉品种。

11. 抉择 系乌克兰品种，为大果型早熟品种，平均单果重9克。果实圆心脏形，果柄长，果皮、果肉紫红色，较硬多汁，酸甜适口，可溶性固形物含量16%左右，抗裂果性差。果实发育期42天左右。

该品种树势强健，生长较旺盛，枝条易横生，树姿开张，幼树达结果期早，丰产、稳产，可作为保护地促早熟栽培的主栽品种之一，也可作授粉品种。

（二）适宜作授粉栽培的品种

1. 佳红 系大连市农业科学研究所培育，为大果型中熟品种，平均单果重9克。果实宽心脏形，大而整齐。果皮浅黄色，阳面着鲜红色霞和较明晰斑点，有光泽，外观亮丽。果肉浅黄白色，质较脆，肥厚多汁，风味甜酸适口，果实品质极佳，可溶性固形物含量19%左右。较耐贮运，果实发育期50天左右。

该品种树势强健，树势中庸，枝条易横生，盛果期后树冠逐渐开张，萌芽力与成枝力较强，定植后3年开始结果，丰产性好，是保护地首选授粉品种。

2. 雷尼　系美国品种，为大果型晚熟品种，平均单果重 10 克。果实宽心脏形，果皮底色浅黄，阳面呈鲜红色霞，果肉黄白色，肉质脆，风味酸甜，较可口，品质极佳。可溶性固形物含量 18%左右。较耐贮运，果实发育期 60 天左右。

该品种树势强健，树势中庸，树姿较直立，萌芽力和成枝力强。幼树进入结果期早，丰产。该品种花粉多，是保护地首选授粉品种。

3. 早大果(大果、巨丰)　系乌克兰品种，为大果型早熟品种，平均单果重 9 克。果实广圆形，果柄长。果皮、果肉紫红色，软而多汁，可溶性固形物含量 17%左右，酸甜适口，较耐贮运，果实发育期 42 天左右。

该品种树势中庸，树姿半开张，早果性、丰产性好，可作为保护地授粉品种或副主栽品种。

4. 红艳　系大连市农业科学研究所培育，为大果型中熟品种，平均单果重 8 克。果实宽心脏形，大而整齐。果皮底色稍呈浅黄色，阳面具鲜红色霞，有光泽。果肉浅黄色，肉质软，肥厚多汁，风味酸甜，可溶性固形物含量 18%左右。较耐贮运，果实发育期 50 天左右。

该品种树势强健，生长旺盛，树姿半开张，树冠中大，枝条中粗。结果早，丰产性好，可作为保护地授粉品种。

5. 巨红　系大连市农业科学研究所培育，为大果型晚熟品种，平均单果重 10 克。果实宽心脏形，果皮底色浅黄色，阳面具鲜红色晕和较明晰斑点，外观鲜艳有光泽。果肉浅黄白色，肉质较脆，肥厚多汁，风味酸甜可口，可溶性固形物含量 19%左右。较耐贮运，果实发育期 60 天左右。

该品种树势强健，生长旺盛，树姿半开张，萌芽力与成枝力较强。枝条粗壮，定植后 4 年开始结果。可作为保护地栽培的授粉品种。

6. 宾库 系美国品种，为中果型中熟品种，平均单果重7克。果实宽心脏形，果柄短。果皮厚韧，浓红色至紫红色。果肉粉红色，肉质致密，硬脆，多汁，可溶性固形物含量15%左右，味酸甜适度。抗裂果，耐贮运，果实发育期55天左右。

该品种树势强健，生长旺盛，树姿半开张，适应性较强，定植后4年开始结果。可作为保护地授粉品种或副主栽品种。

7. 意大利早红（莫利） 系法国品种，为中果型中熟品种，平均单果重7克。果实肾形，果柄短。果皮浓红色，完熟时紫红色。果肉红色，肥厚多汁，可溶性固形物含量17%左右，风味酸甜，口感好，较耐贮运，果实发育期40天左右。

该品种树势中庸，树姿半开张，丰产性好，可作为保护地授粉品种或副主栽品种。

8. 大紫 系前苏联品种，为中果型早熟品种，平均单果重7克。果实心脏形至宽心脏形，果柄长。果皮薄，紫红色。果肉浅红色，质松多汁，可溶性固形物含量15%左右，味甜微酸。较耐贮运，果实发育期45天左右。

该品种树势中庸，树姿半开张，丰产，可作为保护地授粉品种或副主栽品种。

二、苗木繁育技术

（一）大樱桃砧木资源

砧木是苗木的基础，对大樱桃的生长势、寿命、产量等都有直接的影响。因此，培育大樱桃苗木，首先要掌握了解大樱桃砧木资源的特征特性，正确选择适于当地自然条件，与嫁接品种亲和力好，高产、优质的砧木品种，为早产、早丰、优质奠定基础。目前生产上常用的大樱桃砧木资源有以下几种。

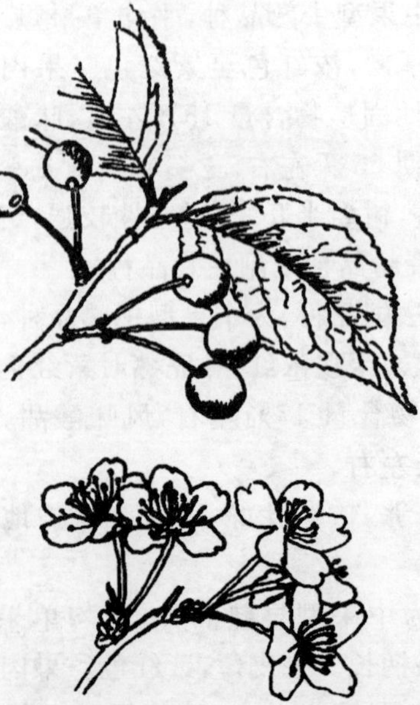

图 3-1 中国樱桃

1. 中国樱桃(草樱桃、小樱桃) 中国樱桃分布于山东、陕西、河南、江苏、浙江等地。为小乔木或灌木型,株高 2～3 米,树干暗灰色,枝叶茂盛,叶片卵形或长卵圆形,暗绿色,叶缘尖,复锯齿,长 10～15 厘米、宽 7～8 厘米,叶柄长 2～2.5 厘米,有 2 个蜜腺。花白色或略带红色,4～7 朵呈总状花序,或 2～7 朵簇生,花期早,果较小,果实圆形或卵圆形,味酸甜,单果重 2～3 克,果皮红色、橙黄色或黄色,果柄有长、短两种,长者为果实纵径的 2～2.5 倍。果肉多汁,皮薄不耐运(图 3-1)。中国樱桃果实可鲜食,种子多用作繁殖砧木苗,嫁接大樱桃。中国樱桃耐瘠薄,耐干旱,易生根蘖,进行分株或扦插繁殖容易成活,与大樱桃嫁接亲和力强。缺点是根系分布较浅,遇强风易倒伏。抗寒力差,在辽宁、河北两省的南部地区抽条和冻害严重,在其北部地区则不能越冬。在黏重土壤中,有根癌病发生。

2. 山樱桃(青肤樱、野樱花) 山樱桃分布于辽宁的本溪、凤城、宽甸,吉林的集安、通化等地。为乔木型,高 3～5 米,树皮深栗褐色,叶片卵圆形至卵圆披针形,长 8～15 厘米、宽 6～9 厘米,深绿色,叶柄长 1.5～3 厘米,有 2～4 个蜜腺。花 3～5 朵簇生,花瓣白色至粉色,果个极小,单果重 0.4～0.5 克,果实卵球形,果皮红紫色或黑紫色，果肉薄、无食用价值。4月下旬开花，6月中下旬果实成熟（图3-2）。山樱桃扦插不易成活，不易发生根蘖，主要用种子繁殖。优点是用种子繁殖砧木苗快而容易，生长旺，当年可嫁接。嫁接成活率高，为80%～90%，嫁接苗及幼树生长健壮，抗寒力强。缺点是嫁接口高时小脚现象严重，但不影响生长发育。土壤较黏重时，有根癌病发生。

图3-2 山樱桃

3. 吉塞拉樱桃（Gisela） 吉塞拉樱桃是德国培育的矮化砧木，为欧洲酸樱桃与灰毛樱桃的杂交后代，为三倍体杂交种，是山东省果树研究所1998年从美国引入的矮化砧木。目前生产中普遍应用的是吉塞拉5号和6号品种，嫁接在吉塞拉5号和6号上的大樱桃，表现矮化、早果、丰产、抗病、耐涝、土壤适应性广、固地性能好。2～3年生即可开花结果。分枝角度较大，树形自然开张，根系发达，适于多种土壤类型栽培，但在很贫瘠的土壤和不良栽培条件下，枝条生长量小，果变小，易出现早衰。吉塞拉樱桃开花多结果极少，扦插不易生根，生产中多采用组织培养法培育砧木苗。

4. ZY-1（郑引一号） ZY-1是中国农业科学院郑州果树研究所1988年从意大利引进的樱桃半矮化砧木。其自身根系发达，萌芽力、成枝力均高，分枝角度大，树势中庸，根茎部位分蘖少。与大樱桃嫁接亲和力强，成活率高，进入结果期早，3年可结果。具有显著的矮化作用，幼树期植株生长较快，成形快，进入结果期之后长势显著下降。一般嫁接树树冠高 2.5～3.5 米。生产中多采用组织培养法培育砧木苗。

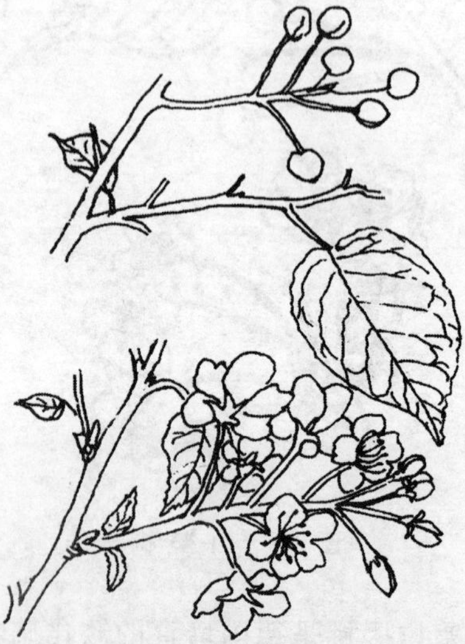

图 3-3　马哈利樱桃

5. 马哈利樱桃　马哈利樱桃是欧美各国广泛采用的樱桃砧木，原产自欧洲东部和南部。乔木型，高 3～4 米，1 年生枝黄褐色，叶片圆形至卵圆形，长 3～6 厘米，叶柄长 1～2 厘米，花 6～10 朵成总状花序，花瓣白色，果实小，球形，黑紫色，味苦涩不能食用（图 3-3）。根系发达，抗旱，但不耐涝，主要用其种子繁殖砧木苗嫁接大甜樱桃，种子萌芽率高，砧木生长健壮，与大樱桃嫁接亲和力强。栽植在黏重土壤中的马哈利须根系少。

6. 酸樱桃（玻璃灯、琉璃泡、长把酸、毛把酸）　酸樱桃在山东省部分地区应用普遍。其根系发达，固地性强。为小乔木型，高 2～4 米，1～2 年生枝紫褐色，叶片小、倒卵形、深绿色，花瓣白色，2～4 朵簇生，单果重 4～5 克，果皮红色或紫红色，果实圆形或扁圆形，肉质较软，味酸（图 3-4）。其果实很少鲜食，主要加工罐头、果汁等，其种子用作繁殖砧木苗嫁接大樱桃。酸樱桃与大樱桃嫁接亲和力强，嫁接株生长旺盛，丰产、寿命长。但在黏重土壤中树体生长矮小，易感染根癌病。

以上 6 种砧木是目前生产中常用的优良砧木资源，为了探讨毛樱桃在大樱桃苗木繁育中的利用价值，便于果农正确区分毛樱桃与山樱桃的不同，下面将毛樱桃的特征特性做一详细介绍。

图 3-4 酸樱桃

7. 毛樱桃 也称山豆子、梅桃、山樱桃、小樱桃。毛樱桃广泛分布于全国各地，为灌木型，高 2～3 米，树皮灰褐色，叶片绿色、密集，倒卵形至宽椭圆形，有褶皱，有绒毛，花瓣白，略带粉色，果个小，单果重 1～2 克，大果型的毛樱桃的单果重为 4～5 克。果实圆形或卵圆形，果皮有红色、黄色或白色，被覆短茸毛，果柄极短，果味甜酸（图 3-5）。其果实鲜食很少，种子用作繁殖砧木苗，主要是嫁接李、杏和桃，能直接作大樱桃砧木。毛樱桃种子与山樱桃种子大小与形状相似，山樱桃种子较圆，每千克湿种子 7 600～8 000 粒，毛樱桃种子较山樱桃种子略大、略长椭圆，每千克湿种子 6 500～7 500 粒。生产中经常有被当作山樱桃种子误引

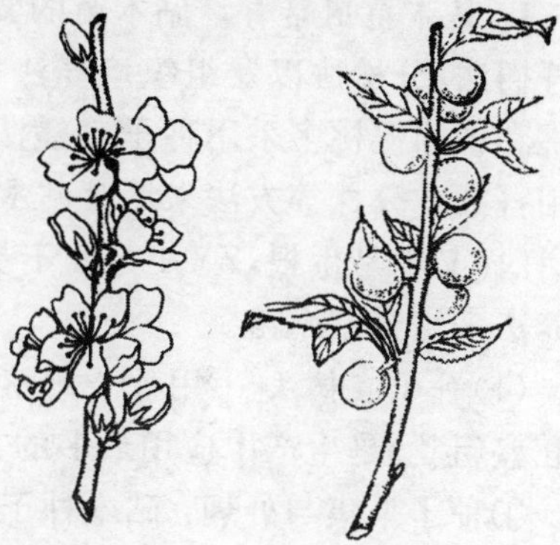

图 3-5 毛樱桃

的，提醒引种者注意。另外，酸樱桃也被称为大樱桃，生产中有被当作甜樱桃误引进温室栽培的，提醒北方果农引种时注意。

近年来有关单位研究用毛樱桃作基砧，用李或桃作中间砧嫁接大樱桃的试验，其嫁接成活率在80%以上，但成苗率不是很高。此种嫁接方法，在提高大樱桃早果和矮化方面有明显的效果，尤其是用毛樱桃作基砧，用伏李子作中间砧，嫁接大樱桃获得成功，在早果和矮化方面有显著的效果，但在树体寿命上还存在一定问题，幼树期易发生死树现象，这种嫁接方式还有待进一步研究探讨。

(二)苗木培育技术

培育大樱桃苗木，应先繁育砧木苗，再将大樱桃的枝或芽嫁接在砧木苗上，从砧木播种(扦插)至嫁接出圃需2年完成。

1. 砧木苗的培育　砧木苗的繁育方法主要有种子直播法、枝条扦插法、分株法以及组织培养法等。生产中山樱桃、马哈利、酸樱桃和中国樱桃多采用种子直播法来培育砧木苗，中国樱桃还可采用扦插或分株等方法来培育砧木苗。吉塞拉因极少结果而无种子，扦插又不易生根，ZY-1扦插不易生根，所以生产中多采用组织培养法来培育砧木苗。

(1)种子直播法　用种子繁殖砧木苗成本低，繁殖数量大，根系旺盛粗壮，是生产中应用最多的方法。

①种子采集与处理：砧木种子的采集必须在果实充分成熟后进行，采后洗净果肉并漂去秕种，于阴凉处将种皮稍微晾干，不可以暴晒和完全干燥，暴晒干燥会使种子丧失生命力，因此种子表皮稍干后应立即沙藏，也就是层积处理。沙藏时，沙的湿度以手握成团松手即散为宜。沙藏坑应选择背阴冷凉干燥处，挖50厘米深的长条坑，长和宽视种子数量而定，坑底先铺20厘米厚的湿沙，将种子与干净过筛的细沙按1∶5的比例混拌均匀后，放入坑内或装尼龙纱网袋平放坑内，中间竖一秫秸把，上盖细湿沙高出地面，坑上

搭防雨盖，防止坑内积水引起烂种（图 3-6）。

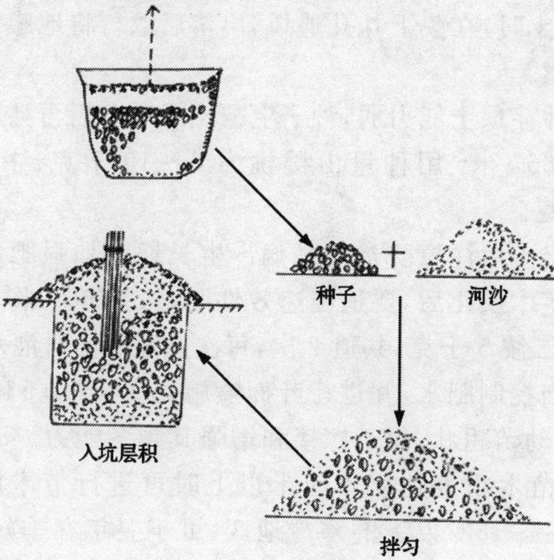

图 3-6　种子层积

种子贮藏期间要定期检查，防止过干、过湿及鼠害等。砧木种子层积时间一般为 100～180 天，种子开壳后即可播种。若春季播种较晚，贮藏坑温度超过 2℃以上时，应将种子取出贮藏至 0℃冷库中，以防止萌芽达 2 毫米以上，影响出苗率。

②播种及播后管理：春秋 2 季均可播种。春季播种时间为土壤解冻后，秋季播种应在土壤结冻之前。温室播种可在 11 月份种子开壳后进行。多采用营养钵育苗，春季再移入露地栽培，播种时要先将层积好的种子进行室内催芽处理，室温保持在 20℃左右，种子露白后，即可进行播种。

田间播种应选择背风向阳的地块，土壤质地为沙壤土或壤土，苗圃地应有灌溉和排水条件。播种方法一般采用垄播，因为垄播便于嫁接和管理，播前细致整地，垄宽 50～60 厘米，或平地开沟条播。播后压平底格，上覆潮湿细沙5～6厘米厚；若土壤墒情不好，开沟后先打底水再播种，不压底格，直接盖细沙。盖沙后覆地膜保墒，待种芽顶土时，在膜上扎孔通风，出苗后顺行将地膜划开，2～3天后去除地膜。

山樱桃种芽顶土能力弱，种子上覆土或萌芽后再播种，都不能保全苗。每667米^{2}用种量山樱桃为8～10千克、中国樱桃为10～12.5千克。

砧木苗出土后注意防治立枯病。生长期应加强肥水管理，适当蹲苗。嫩茎木质化后，要追施速效性肥料，每667米^{2}追施尿素5千克、磷酸二铵5千克，共追2次，每次追肥后及时灌水。7月上中旬以后适当控制肥水，并进行叶面喷施0.3%～0.5%磷酸二氢钾溶液，促使幼苗粗壮，便于嫁接和增强其越冬能力。8月下旬至9月上旬，若苗木粗度达0.4厘米以上时可进行带木质部芽接。冬季最低温在－18℃以下的寒冷地区，可于翌年春季嫁接。用中国樱桃种子播种的砧木苗，冬季需将根茎嫁接部位埋土防寒。

(2)枝条繁殖法(扦插繁殖)　枝条繁殖法分为硬枝扦插和绿枝扦插2种方法，多用于繁殖中国樱桃苗。

①硬枝扦插：插穗采自母株外围的1年生发育枝，粗度为0.5～1厘米、长约15厘米，上端剪平，基部剪成马耳形。若在冬季采条，暂不剪成插穗，每50～100根1捆，贮藏于地窖或贮藏沟内，用湿沙(湿沙的相对含水量60%)封存，扦插时再剪成插穗，冬季贮藏期间，注意保持适宜的温湿度，防止冻害和积水，也可在春季随采随插。

硬枝扦插多采用高畦宽行扦插和高垄扦插法。高畦每畦双行，行距30厘米左右，株距15厘米；高垄单行垄高10～12厘米，垄距30厘米，株距10厘米，垄和畦上覆地膜。插前用生根粉浸插条基部2～8小时。然后将插穗呈60°角斜插入内，倾斜方向要一致，地膜外仅露一芽，插后灌水(图3-7)。在发芽期间适量灌水，尽量减少灌水次数，以防降低地温影响生根。插后 25 天左右生根，生根后注意加强肥水管理，雨季注意排涝和病虫害防治，硬枝扦插一般到秋季时都可以达到嫁接粗度或出圃标准。

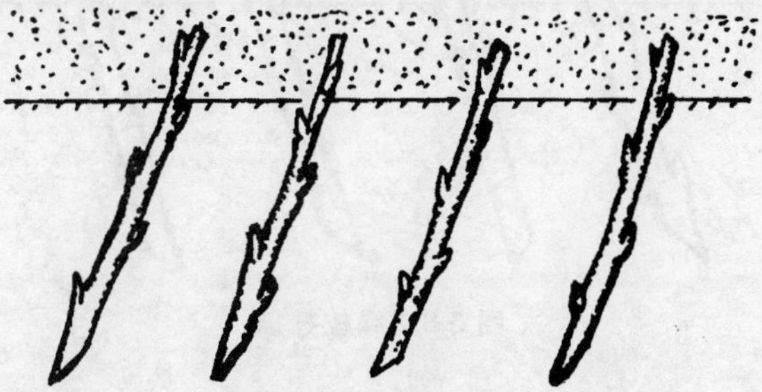

图 3-7 硬枝扦插

②绿枝扦插：多在 6～7 月份，选择半木质化、粗度在 0.3 厘米以上粗度的当年生枝，剪成长 15 厘米左右的枝段作插穗，摘除其下部叶片，保留上部 1～2 片叶，并剪去叶片的 1/2～2/3 的先端部分，随采随插。扦插基质采用消毒的河沙、蛭石、珍珠岩等铺在苗床内，厚度 20 厘米左右。扦插时，插条基部剪成斜面，蘸生根粉，呈 70°角斜插入基质中，深度为插穗长度的 2/3(图 3-8)。采用弥雾装置或拱棚设施保持空气相对湿度在 90%以上，若无弥雾装置，则需用遮阳网遮阴，保持光照强度在 20 000 勒左右，经常喷水并且每周喷 1 次杀菌剂。生根后，逐渐降低空气湿度，增加光照和通风量，待新梢长出 10 厘米左右时，选阴雨天移栽至大田苗圃。移栽后及时灌水，刚移栽时，需遮阴才能保证较高的成活率，成活后加强病虫害和肥水管理。绿枝扦插繁殖的砧木苗当年不能嫁接，易发生冻害的地区冬季需防寒保护，到翌年春夏季或秋季才能嫁接。

(3)分株繁殖法　分株繁殖法分为母树压条分株、母苗压条分株、母树培土分株和母苗平茬分株 4 种方法，多用于中国樱桃砧木繁殖。

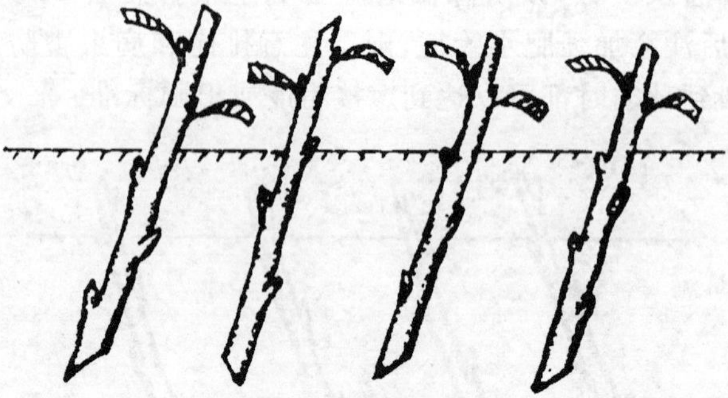

图 3-8　绿枝扦插

①母树压条分株：选择丛状或开心形树形、生长健壮、枝条粗细较一致的中国樱桃树作为母树，于春季或夏季，将母树靠近地面的分枝或侧枝，呈水平状态压埋于地表下，生根后于秋季或翌年春季将已生根的压条剪断，分出新株(图 3-9)。

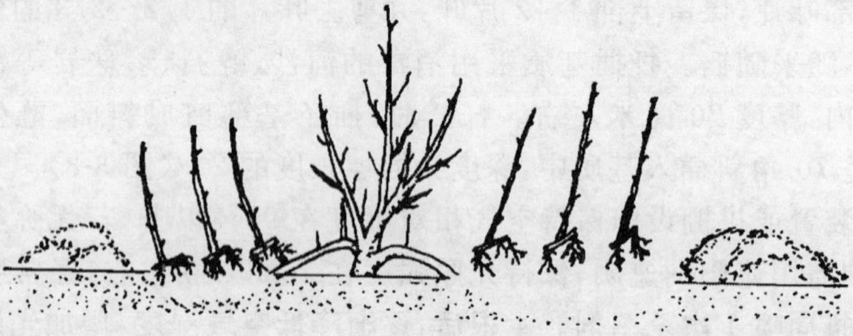

图 3-9　母树压条分株

②母苗压条分株：将 1 年生苗木呈 45°角斜栽，株距约等于苗高，当苗木萌芽后，将苗木水平压倒并加以固定，上覆细沙或壤土 2 厘米，新梢 5～10 厘米时，按 10～15 厘米的间距留一新梢进行疏间，然后再覆壤土 10 厘米左右，苗高 30 厘米左右时再覆 1 次壤土，覆土前施入复合肥。秋季起苗时，分段剪成独立植株(图 3-10)。

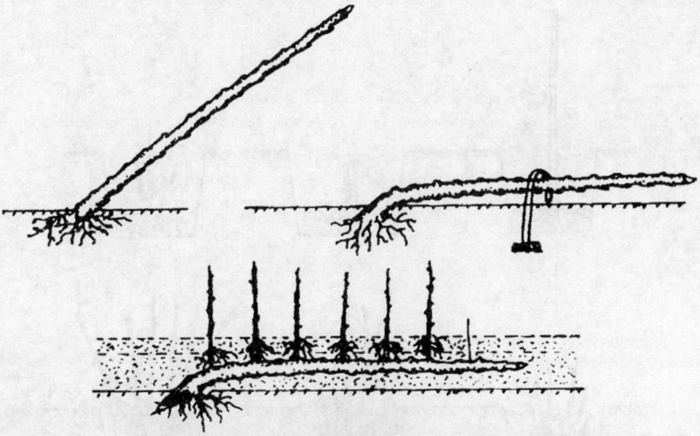

图 3-10 母苗压条分株

③母苗平茬分株：春季将 1 年生苗从地表 5～8 厘米处剪断，待萌芽长出 20 厘米左右时，用湿润土壤进行第一次培土，培土时将过密的萌蘖分开，以利于均衡生长，待萌蘖苗高 40 厘米左右时再培 1 次土。两次培土后都要进行灌水和施肥等管理。秋季落叶后扒开土堆分株，分株后应对母苗培土防寒(图 3-11)。

④母树培土分株：选择丛状树形、生长健壮的中国樱桃或酸樱桃树作为母树，早春在树冠基部培起 30 厘米高的湿土堆，促使根部发生根蘖苗，或枝条基部生根(图 3-12)。落叶后或翌年春季萌芽前对已生根的萌蘖切离母株，形成独立的苗木个体。

(4)组织培养繁殖　此法培育樱桃砧木苗，不但繁殖速度快，而且有利于保护其优良特性。其方法步骤如下。

①外植体消毒与接种：取田间当年新梢或 1 年生枝条，去叶，用自来水将表面刷洗干净，剪成一芽一段，放入干净烧杯，进入超净工作台消毒，常用消毒剂为 70%酒精，0.1%新洁尔灭、0.1%升汞，三者可配合使用。先用 70%酒精浸泡 2～4 秒，再放到 0.1%新洁尔灭溶液中 15 分钟，再用 0.1%升汞溶液消毒 5～10 分钟，

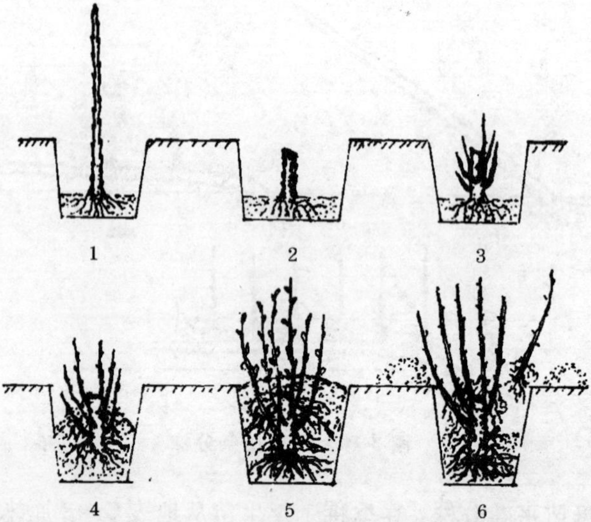

图 3-11　母苗平茬分株

1. 定植　2. 剪砧　3. 萌蘖　4. 第一次培土
5. 第二次培土　6. 分株

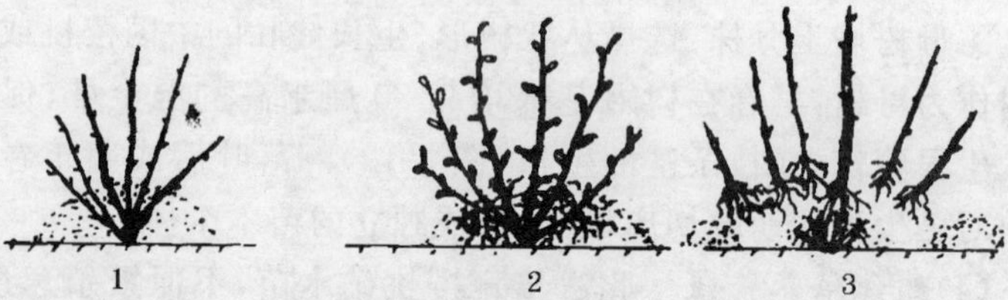

图 3-12　母树培土分株

1. 春季培土　2. 初夏培土　3. 分株

其间用无菌水冲洗 2～3 遍，然后剥去叶柄、鳞片，取出带数个叶原基的茎尖接入培养基，半包埋。樱桃培养基多采用 MS 培养基，附加 6-苄基腺嘌呤 0.1～1.0 毫克/升＋吲哚丁酸 0.3～0.5 毫克/

升，蔗糖为30克/升。

②初代培养和继代培养：茎尖接种后放到培养条件为光照3 000勒克斯、8～10小时，暗14～16小时；温度26℃±2℃，经大约2个月的初代培养，每个生长点可长到2～3厘米长，并已形成多个芽丛，这时便可进行继代培养，将每个芽丛切割下来，转接到培养基上进行增殖培养。其后，大约每25天进行1次继代培养，每次芽的增殖数为4～6倍。

③生根培养：上述增殖培养的芽长至3厘米左右时，即可用于生根。生根培养基多采用1/2 MS培养基＋吲哚丁酸0.1～0.5毫克/升。有的种或品种需加生物素或吲哚乙酸或萘乙酸等，蔗糖20毫克/升。

接种在生根培养基上培养20天左右，芽的基部即可长出根，成为完整苗。生根苗长至3～5厘米高时即可锻炼移栽。

④移栽：组培苗在人工培养条件下长期生长，对自然环境的适应性减弱。移栽前需要一个过渡阶段，即锻炼。锻炼方法为将培养瓶移至自然光下锻炼2～3天，打开瓶口再锻炼2～3天后移栽。移栽时先洗净根系上的培养基，避免培养基感染杂菌致苗死亡。基质可放入育苗盘、育苗箱或育苗床中，上面罩塑料膜，以保持较高的湿度和适宜的温度。温度保持在20℃～28℃，空气相对湿度为80%～90%，光照强度为3 500～4 000勒克斯。经上述条件锻炼1个月左右，5月下旬至6月上中旬即可移入田间。

2. 大樱桃苗的培育

(1)嫁接时期与注意事项　培育大樱桃苗木的嫁接时期分春、夏、秋3季，春季嫁接宜在3月中下旬开始，即树液流动后至萌芽初期进行，夏季嫁接宜在6月初至6月底以前，过晚当年成熟度不够，不易成苗。秋季嫁接宜在8月底至9月中旬进行，过早易萌发，不利于越冬，过晚不易愈合。

嫁接苗木前7～10天，要将砧木苗圃灌1次透水，待地表稍干时开始嫁接，嫁接前还应选取接穗，并备好0.6～1厘米宽、20厘米左右长的塑料条。

夏秋季嫁接时，可在接前1～2日选取当年生木质化程度高的发育枝，取后立即去掉叶片，留短叶柄。春季嫁接的，需在上年的秋季落叶后选取1年生发育枝，用湿沙贮藏或装在塑料袋内密封放在0℃～5℃条件下贮藏，无冻害的地区可在春季萌芽前选取。

田间嫁接时，接穗应放在装有3～5厘米深水的水桶中，远途携带时用湿布袋包装，内填湿锯末或湿纸屑。

嫁接后不要灌水过早，如干旱必须灌水时可在1周后灌水，注意水不要漫到接口，以免引起流胶影响成活，并注意防治各种蛾类幼虫、椿象、尺蠖、梨小食心虫和叶斑病。

(2)嫁接方法　生产中常用的嫁接方法，有木质芽接法、“T”字形芽接法和改良舌接法，其中以木质芽接法应用最广泛。

①木质芽接法：木质芽接法是繁育大樱桃苗最佳的一种嫁接方法，春、夏、秋3季都可应用，成活率高，但夏季采取木质芽接法，较“T”字形芽接法愈合慢。

木质芽接法是先在接穗叶芽的下方约0.5厘米处斜横切一刀，深达木质部，再在芽上方1.5～2厘米处向下斜切，深达木质部2～3毫米，削过横切口，取下带木质的芽片。然后在砧木基部选光滑处横斜切一刀，再由上而下斜削一刀达横切口，深2～3毫米，长度及宽度与芽片相等或略大。将削好的芽片嵌入砧木的切口内，使形成层密切吻合，然后用塑料条自上而下绑紧即可(图3-13)。砧木与接穗粗度相同时，其形成层要保证两侧都对齐，否则要保证一侧对齐(图3-14)。

②“T”字形芽接法：嫁接时期为6月份，过早接穗皮层薄，芽嫩不易成活，过晚接芽护皮不易剥离，而且到秋季时苗木成熟度也不好，影响苗木质量。

先将砧木苗距地面2～5厘米处的泥土抹干净，在其光滑处横

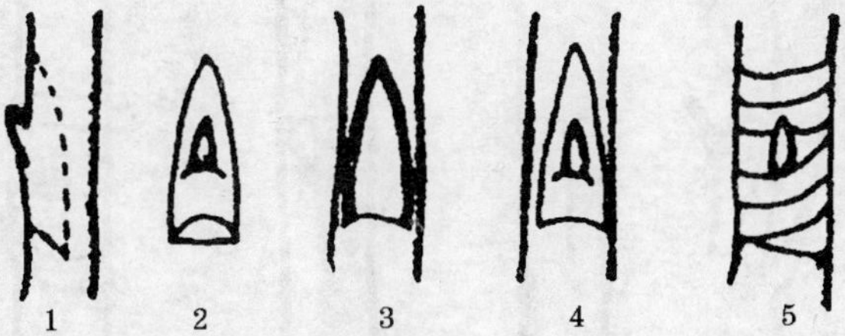

图 3-13 木质芽接法

1. 取接芽 2. 芽片 3. 削砧木 4. 砧穗结合 5. 绑扎

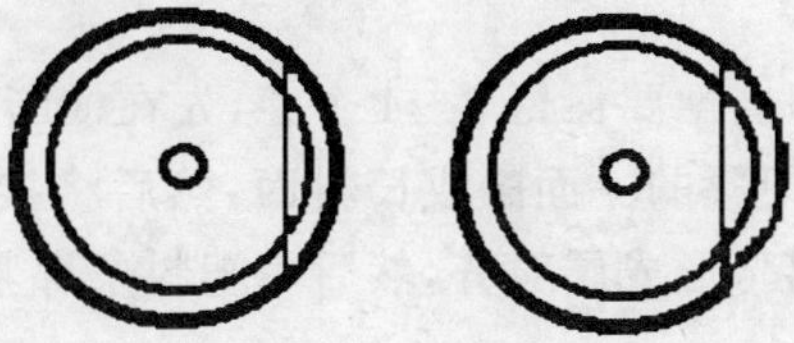

图 3-14 对齐形成层

1. 两侧对齐 2. 一侧对齐

切一刀,深达木质部,刀口宽度为砧木干周的近一半,并在切口中间处向下竖划一刀。然后削接芽,先在接芽的上方 0.6～0.7 厘米处横切一刀,刀口宽度为接穗直径的一半,再由芽下 1.5 厘米处向上斜削,由浅入深达横刀口上部,然后用左手拇指和食指在芽基部轻轻捏取芽片,再拨开砧木"T"字形接口,把芽片迅速插入,使芽片横刀口与砧木的横刀口对齐后绑扎(图 3-15)。

采用"T"字形芽接法嫁接大樱桃,对嫁接技术和接穗等要求严格,必须熟练掌握,才能提高成活率。

③改良舌接法:改良舌接法多用于高接换种,高接换种当年嫁接当年即可形成花芽。或常用于砧木粗度大于接穗粗度时的嫁接方法。嫁接时期为春季萌芽期。

先将砧木苗距地面 5～10 厘米处或预换品种的枝条基部剪断,在横切面一侧 1/3 处纵切一刀,长约 3 厘米,然后自纵切口下端另一侧向上斜削至纵切口处,形成大斜面。接穗削法与砧木相

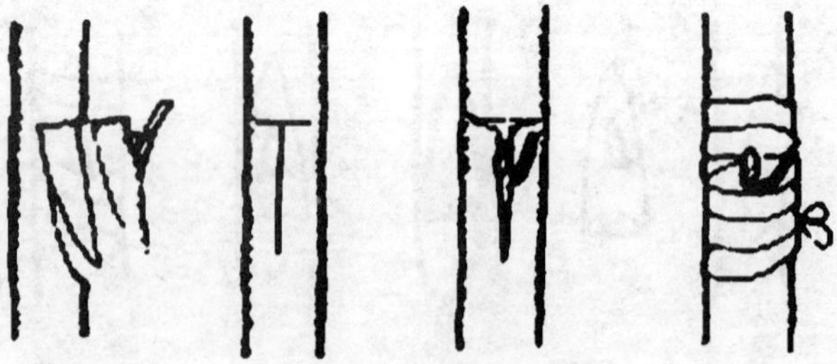

图 3-15　“T”字形芽接法

1. 削取接芽　2. 切砧木　3. 砧芽结合　4. 绑扎

同，接穗要保留 3～4 个芽，先在横断面 1/3 处纵切一刀长 3 厘米，再把厚的一面削成长斜面，然后将接穗斜面与砧木的斜面插接在一起，形成层对齐，然后用塑料条绑紧即可(图 3-16)。

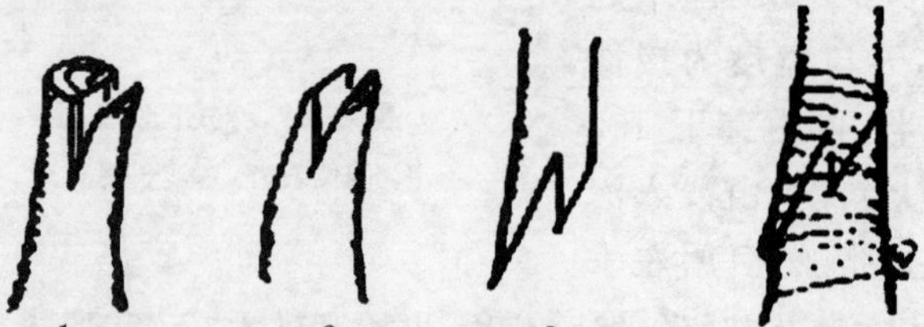

图 3-16　改良舌接法

1. 削开砧木　2. 再斜削　3. 削接穗　4. 砧穗结合后绑扎

(3) 嫁接后的管理　嫁接后的管理主要包括剪砧、除萌和补接。

①剪砧：夏季采用“T”字形芽接和木质芽接的，接后在接芽上留 10 片叶剪断砧木，或在接芽上 5 厘米处折砧(图 3-17)，待接芽长出 7～10 片叶时松绑并剪断砧木；秋季嫁接的接后不剪砧，待翌年春萌芽时在接芽上 1～1.5 厘米处剪断砧木，并松绑；春季木质

芽接时，在接芽上留 20 厘米左右剪砧，待接芽长出 7～10 片叶时在接芽上留 1.5～2 厘米剪砧并松绑（图 3-18）。

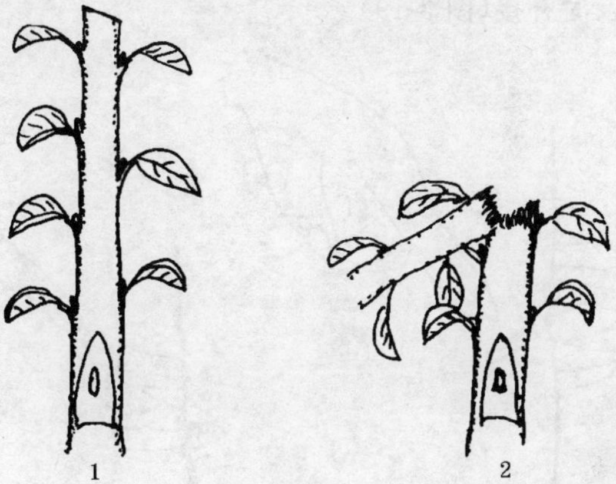

图 3-17　夏季嫁接后砧木的处理方法

1. 芽上留 7～10 叶片剪砧　2. 芽上留 4～5 片叶折砧

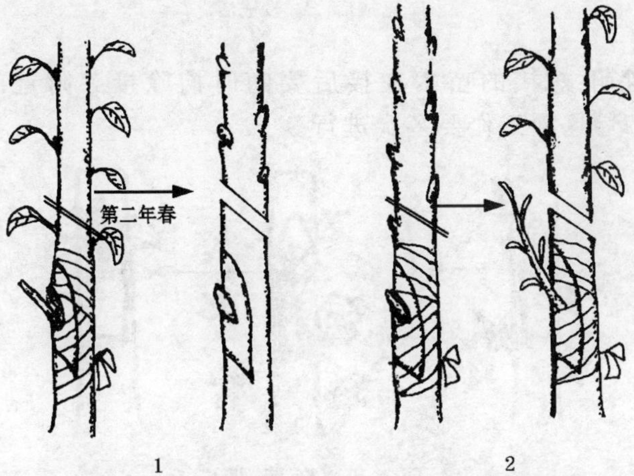

图 3-18　秋季和春季嫁接后的剪砧时期和方法

1. 秋接　2. 春接

②检查成活率：夏季嫁接的接后 10～15 天应检查成活情况，接芽表皮新鲜、叶柄一触即掉的表明已成活，叶柄褐枯不掉的说明没成活，应及时补接(图 3-19)。

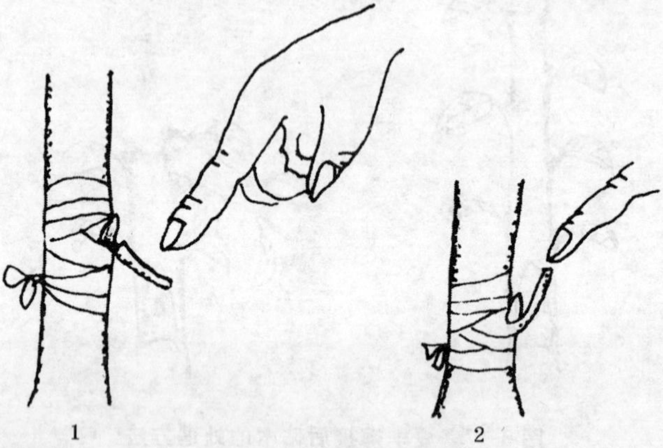

图 3-19　检查成活情况

1. 已成活　2. 没成活

③除萌：嫁接的苗木在接后要随时摘除接芽附近的萌蘖(图 3-20)，这项工作要多次进行。

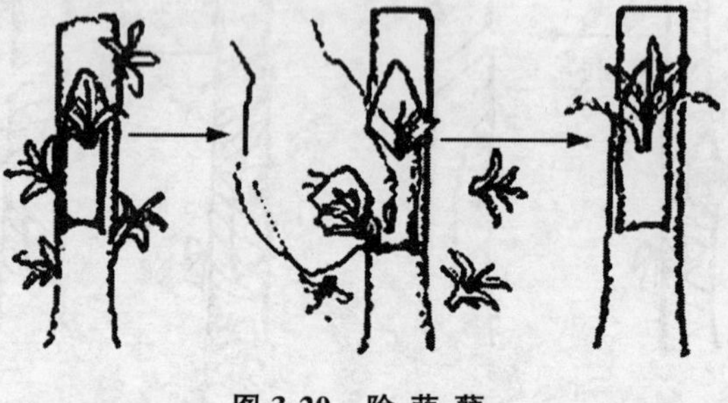

图 3-20　除萌蘖

④绑缚和摘心：接芽萌发后，遇风极易从嫁接口部位折断或弯

曲，因此必须注意绑缚，待苗高60～80厘米时进行摘心，摘去先端约20厘米，当年可以培养成具有3～4个分枝的小幼树，摘心时期不能晚于6月底。

3. 大樱桃幼树的培育 从事保护地大樱桃生产，必须具备4～5年生以上树龄的结果幼树，露地不能安全越冬的寒冷地区，往往是采取南树北移的方法，这种方法成本太高，为了降低运输成本，可在当地采取露地假植方法培育结果幼树，冬季用塑料大棚保温或移入贮藏沟贮藏，翌年春萌芽前再移入露地假植培养，达4～5年生时再定植于保护地内。

(1)准备营养土和假植袋 利用农田中腐烂的杂草、豆秸、稻壳等为腐殖质，与沙壤土和发酵的湿鸡粪配制成营养土，配制比例为0.5∶2∶0.1。利用废旧的尼龙编织袋或无纺布袋为假植袋材料，假植袋直径为40～50厘米、高30～40厘米。

(2)假植方法 选用无病毒病、无根癌病和严重流胶病的1～2年生嫁接苗木，第一年春将苗木装入假植袋中央，填入营养土，蹾实后置入育苗圃，按台田式栽植，株行距为1.5米×1.5～2米，台田面较地面高20～30厘米，上窄下宽，栽后灌透水。

(3)贮藏 秋季落叶后土壤结冻前将苗木连同营养袋一并起出，起苗前将没有脱落的叶片剪除，起出后立即贮藏。将苗木倾斜20°～30°排放在沟内，沟深30～40厘米，假植袋之间用潮湿土壤填充不留空隙，上覆一层塑料，塑料上覆1～2层草苫即可越冬。翌年春季萌芽前揭开防寒物，栽植于苗圃。以此重复管理，但不要重茬栽植。

第四章　园址选择与苗木栽植

一、园址选择

选择什么样的立地条件建园，关系到树体的生长发育、结果早晚、产量高低以及品质的优劣。因此，选择园址时，应根据大樱桃对生态条件的要求，把园址选择在适于进行保护地生产的地方。

（一）对周围环境的要求

无论是温室还是大棚，首先是场地应开阔，东、西、南3面无高大树木或建筑物遮挡。其次是交通便利，有利于产品运销。但不宜过分靠近公路，防止尘土覆盖棚膜，降低光照强度。第三是要避免在厂矿附近建造，防止有害气体及污水污染。

（二）对土壤条件的要求

选择土层比较深厚、透气性好、有机质含量高及保水保肥能力强、地下水位低、pH值为6～7.5的沙壤土和壤土地块建园，如果地下水位高，可采取台田式栽植。大樱桃不能重茬栽植，也不能与桃、李、杏等重茬栽植。在重茬地、蔬菜地和盐碱地上建园应改换土壤后再栽植。

(三)对排灌条件及水质的要求

大樱桃既不耐涝也不耐旱。因此,要求园内有排灌设施,旱能灌、涝能排。同时,大樱桃也不抗盐碱,灌溉水的 pH 值应为 6～7.5。

二、苗木栽植与授粉树的配置

(一)幼苗栽植

栽植苗木之前的工作包括苗木准备与处理、平整土地与挖栽植沟及准备有机肥。

1. 确定株行距 株行距应根据不同设施结构和不同的树形结构及品种与砧木的特点和土壤肥力而定。采用乔化砧木的大樱桃适宜株行距为 2.5 米×3 米或 3 米×3.5 米,采用半矮化或矮化砧木的适宜株行距为 2 米×2.5 米 或 2.5 米×3 米。生长势强的品种要合理稀植,生长势较弱、矮生型的品种及采用限根栽培方法的,应适当减小株行距。土壤肥力高的适当稀植,土壤肥力差的沙土地适当密植。

2. 整地 根据设计好的行向及株行距等进行地面平整。地面不平的地段,灌水时易形成"跑马水",或因地面高低不平而造成局部积水或干旱。地面整平后按行距拉行线,再挖定植沟,不提倡挖定植穴。这样有利于增加有机肥的施用量,有利于增强土壤的透气性,有利于雨季排涝。

定植沟深 70～80 厘米、宽 150～200 厘米。挖沟时,把上面 30 厘米深的表土放在一边,下面 40～50 厘米死土层的土放在另一边。沟挖好后,先在沟底填上 20～30 厘米厚的碎秸秆、杂草或炉渣等物,上面再填上 20 厘米死土层的土,然后把肥料与表土混匀后填满沟，并凸起 10～15 厘米。多余死土层的土覆盖在最上面或用作垒畦埂，此时施入的肥料为基肥，要以农家肥等有机肥料为主，按每株 50～100 千克的施肥量施入。有机肥质量差时可加入适量的复合肥或磷肥，如果已知缺少某种元素时，此时一并添加施入。要注意的是，粪与土要混拌均匀，否则会因肥料分布不均匀而造成植株生长不良或死亡。沟填好后要灌 1 次透水，使沟内土塌实后再定植，苗木就不会下陷(图 4-1)。

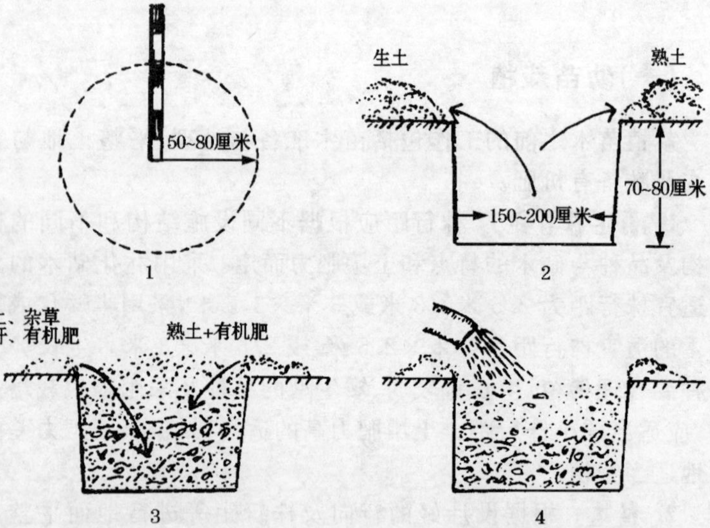

图 4-1　挖栽植沟

1. 确定栽植穴　2. 分别堆放沟土　3. 回填　4. 放水

台田式栽植可不挖栽植沟，定好株行距后直接在地面施基肥，再将行间的土搗在树行上即成台田。

3. 定植时期　大樱桃在落叶后至春季发芽前均可定植。晚秋至初冬定植仅限于露地能越冬的地区和冬季有覆盖的大棚，定植后的苗木一定要将根颈埋土防寒，并及时灌防冻水，防止冬旱。

秋冬定植有利于伤根愈合，地温升高后，根系可提早恢复活动，分生新根，吸收水分和营养，使苗木发芽较早。春季定植一般多在萌芽前，即土壤解冻后。春季定植的苗木，根系需要一定的时间来愈合伤口，然后才能分生新根，虽然苗木发芽稍晚，但由于避开了冬季的各种自然灾害，成活率较高。

4. 定植前苗木的处理 定植前1天，将苗木从苗圃或假植沟内取出，按品种捆扎好，挂上标签。然后把根系放在水中浸泡12小时左右，使其吸足水分，再用防根癌病的药剂处理根系。定植面积较大时还要把壮苗与弱苗分开定植，这样便于定植后分别管理。

5. 定植方法 定植沟水渗下后能够作业时即可开始定植，以打好的点为中心，挖定植穴（定植穴的大小可根据苗木根系大小而定）。用手提住苗木主干立在穴正中间，填土至根颈部，用手向上轻轻提苗，使苗根系舒展，然后用脚踏实，上面再覆土至坑平，栽好后的嫁接部位应与地面平或离地面5～10厘米（图4-2）。

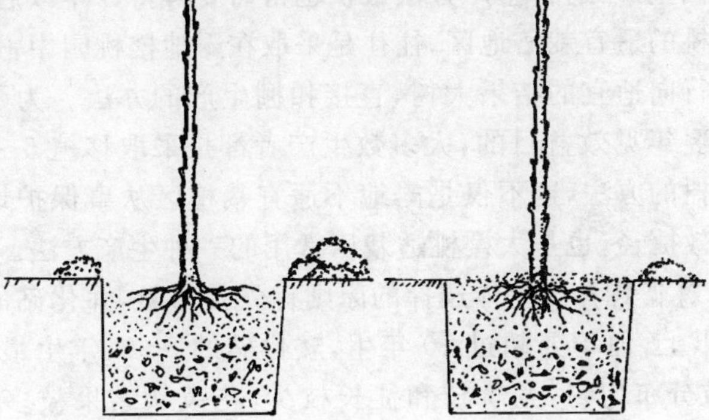

图4-2 定植方式

1. 舒展根系 2. 嫁接口与地面相平

6. 定植后的管理 苗木定植后立即灌1次透水（定根水），使苗木根系与土壤充分结合，当定根水渗下后，要及时松土保墒。刚定植的苗木，需要尽快地提高地温，促进根系生长。所以，既要保持适宜的墒情，还要尽可能地减少灌水次数，增加中耕松土次数。中耕松土后及时覆盖地膜保墒和提高地温。覆盖地膜必须在中耕后进行，如果在灌水后立即覆膜，这时土壤水分处于饱和状态，覆膜后水分散发很慢，由于地膜的作用，使膜下出现高温高湿，往往会造成烂根而死亡。覆盖的地膜进入 6 月份时及时除去，改为覆草。

苗木萌芽后的整个生长期间，要随时整形修剪，及时防治病虫害。经 2～3 年的培养，就可进入保护地生产。

（二）大树移栽

为提高栽培效益，温室和大棚栽培大樱桃，一般很少有栽植 1～2 年生的苗木，若栽植 1～2 年生苗木，需要在其进入结果期以后再扣棚生产，这种生产方法最快也得需要等待 3 年以后。目前，在大樱桃的适宜栽培地区，往往是采取在露地樱桃园中，选择适宜品种和行向适宜的结果大树，直接扣棚生产的办法。为了达到当年栽植翌年见效益目的，大多数生产者都是采取移植 5～10 年生结果大树的方法，这不仅是露地不适宜栽植区从事保护地生产的一条有效捷径，也是大樱桃适栽区常用的一种生产方法。

1. 树体选择　树体选择的原则首先是树龄，乔化砧的必须是 5 年生以上，但不要超过 10 年生，矮化砧的 3～5 年生最好，而且主、侧枝分布均匀，竞争枝和徒长枝少，花束状结果枝多，树势健壮。此外，枝干无癌肿病，根颈处无根瘤。其次是无冻害、流胶病、皱叶病毒病、桑白蚧等主要病虫害。

2. 栽前准备　移栽前先将栽植沟挖好，再安排挖树和移栽。栽植沟深 60～80 厘米、宽 150 厘米，施入适量有机肥，回填后灌水沉实，地表稍干时挖好栽植穴，栽植穴深 40～50 厘米，长、宽各

100～150 厘米。株行距依据树体大小和温室宽窄而定，可采用 2 米×3 米、3 米×3 米或 3 米×4 米的方式。秋季移栽大树的时间是在霜冻后，移栽前摘掉树上没脱落的叶片。春季移栽大树的时间是在树体发芽前。

3. 起树与运输技术 起树时从树冠外围垂直投影下的树盘外围向内挖土，将土往外倒，外侧浅内侧深，外侧大约深 30 厘米，内侧深 50 厘米，挖土同时还要用 2 个齿的钩子将根际周围的土疏除，不要碰伤主根系，更不要切断主根系，尽可能多保留须根系。挖至距离坑中心 20 厘米左右时轻轻试推主干，没有粗根系与土相连时，将树推倒。树体推倒后立即用聚乙烯塑料膜将根系包严，即可运输。如果远途运输，当日又不能栽植的，应将根系涂泥浆或喷生根剂后再用塑料包严（图 4-3）。运输车的护栏要用草苫或其他包装物裹严，并将树体固定好，保证途中不发生摇晃，以免在运输途中摩伤枝干。

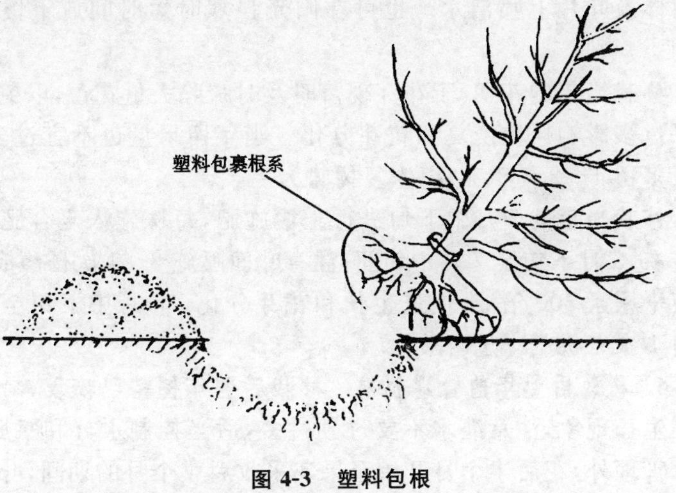

图 4-3 塑料包根

4. 栽植技术 樱桃树运到栽植地后，要立即栽植。将树抬到栽植坑旁边，先除去塑料膜，再将树抬入栽植穴中央，将根系疏展开，边埋土边轻轻摇晃主干边踏实土壤，使土与根系无缝隙。

5. 移栽当年的管理技术　移栽当年主要是保成活和促进花芽分化。栽后要立即灌 1 次透水。

春季移栽的，待地表稍干时进行松土，松土深 5～8 厘米，松土后立即覆盖地膜保湿增温。栽后的灌水次数，要依据叶芽萌发后树叶不萎蔫为宜，通常情况下，栽后至雨季前需灌水 5～8 次。苗木成活后的 6 月中下旬除去地膜。

适栽区域以北地区，于秋季移栽的，应将树移栽在有保温覆盖物的保护地内，栽后灌 1 次透水，当气温低于－5℃时，及时覆盖保温材料，保持室温在 5℃～9℃，保证树体不受冷、冻害。

为使树体尽快得到恢复，萌芽后除了要勤灌水外，还可喷布 2～3 次植物动力(2003)800 倍液，或 1.8%复硝酚钠水剂 3 000～4 000 倍液，如果花后叶片再发生萎蔫时，可在叶片发生萎蔫初期，往树体及叶片上喷清水。也可在阳光强烈时短时间放下覆盖物遮阴。

移栽当年的花期，于花芽现蕾时及时疏除大量花蕾，以免开花结果过多影响树体恢复和花芽分化。当年留果量也不宜过多，每株最多留 1～2.5 千克，以恢复树势为主。

移栽当年的 5 月中下旬进行土壤施肥，每株施入复合肥 1 千克左右，5 月下旬至 7 月中旬间，注意叶面喷施 3～4 次杨馥成 600 倍液＋尿素 500 倍液，促进生长和花芽分化。8 月中下旬至 9 月初追 1 次有机肥＋过磷酸钙。

6. 移栽后翌年的管理技术　移栽后翌年树势已恢复，易发生过旺生长现象，注意灌水不要过勤过多，适当控制水分和氮肥，除正常管理外，花后半个月开始至果实采收后 1 个月的期间，叶面交替喷施 5～6 次杨馥成 400 倍液，或磷酸二氢钾 300 倍液，控制旺长，促进花芽分化。生长期进行摘除延长枝顶端的旺长嫩梢和主枝背上的直立徒长梢。如果生长势偏旺可叶面喷施PBO(促控剂)调节生长势。

(三)授粉树的配置

大樱桃品种大多是自花结实率很低或自花不实,即使是自花结实率高的品种,没有授粉树也会降低坐果率和产量,所以建园时必须合理配置授粉树。授粉树品种要与主栽品种有很好的亲和力,有相近的低温需求量,使其花期相遇,还要有较好的丰产性,果实商品价值较高,花粉量较大。

1. 主栽品种的适宜授粉组合 详见表4-1。

表4-1 大樱桃主栽品种的适宜授粉组合

主栽品种	适宜授粉品种
红灯	佳红、巨红、拉宾斯、雷尼、意大利早红、宾库、红艳、大紫等
美早	雷尼、佳红、拉宾斯、宾库、萨米脱等
金顶红	拉宾斯、先锋、萨米脱、佳红、巨红等
得利晚红	拉宾斯、先锋、宾库、佳红、红艳等
萨米脱	拉宾斯、先锋、宾库等
早大果	抉择、大紫、宾库、佳红等
意大利早红	拉宾斯、先锋、佳红等
先锋	雷尼、拉宾斯、那翁等
5-106	红艳、佳红、8－129等
早红珠(8-129)	红艳、雷尼、巨红等
晚红珠(8-102)	红艳、佳红、巨红等

2. 授粉品种的栽植比例与栽植位置 根据主栽品种与授粉

品种的株数比例确定授粉品种的位置。一个棚室内授粉品种应不少于 2～3 个，栽植株数应占主栽品种的 20%～30%。栽植方式一般采用分散式或中心式(图 4-4)。

☆☆☆⊙☆☆☆☆○☆☆☆☆⊙☆☆☆
☆☆☆☆☆○☆☆⊙☆☆○☆☆☆☆☆
☆○⊙☆☆☆☆⊙☆☆☆☆☆⊙○☆☆
☆☆☆☆○☆☆☆☆⊙☆☆☆○☆☆☆☆

分散式

☆☆☆☆☆○☆☆☆☆☆⊙☆☆☆☆☆
☆☆○⊙☆☆☆☆☆○☆☆☆☆☆○☆☆☆
☆☆⊙○☆☆☆☆☆○☆☆☆☆☆⊙○☆☆
☆☆☆☆☆⊙☆☆☆☆☆☆☆○☆☆☆☆

中心式

图 4-4　授粉品种栽植方式　(☆:主栽品种,○⊙:授粉品种)

无论怎样栽植，都要确保授粉品种与主栽品种之间距不超过 5 米。这项工作要在定植前设计好，避免无计划栽植，造成授粉品种分布不均匀。

根据保护地多年生产经验，保护地栽培大樱桃，最好不单独栽植授粉树，应以高接结果枝的方法来配置，即在每株主栽品种树上，高接 2～3 个授粉品种，每授粉品种嫁接 3～5 个结果枝条即能解决授粉问题。因为保护地栽培大樱桃的主栽品种，主要是红灯和美早，其果实售价最高，减少授粉树栽植数量，可以提高栽培效益。

第五章　田间管理

一、与田间管理相关的生物学特性

(一)大樱桃的生长发育特点

大樱桃树的生长势与结果年限以及产量的高低,与土壤肥力、肥水管理水平及其他的管理措施密切相关。大樱桃一般3～5年生开始结果,8～10年生进入盛果期。盛果期一般可维持15～20年。

1. 年生长周期及其特点　大樱桃和其他落叶果树一样,一年中从萌芽开始,规律性地通过开花、坐果、果实膨大、果实成熟,新梢生长、花芽分化、新梢停止生长、落叶和休眠几个时期,周而复始重复进行,这一过程称为年生长周期。每一生长阶段都有其不同的生长发育特点,了解和掌握其各阶段的生长发育规律,在栽培管理中,有针对性地采取相应的技术措施,以获取丰产优质高效益。

(1)萌芽和开花　大樱桃对温度反应敏感,当日平均温度达到10℃左右时,花芽便开始萌动。日平均温度达到15℃左右时开始开花。叶芽萌动较花芽稍晚几天,保护地栽培如果休眠期的低温需求量不足,会出现先叶后花现象。温度较高时花期相对短些,温度低时花期相对长些。同一品种幼树、旺树花期晚,而老树、弱树花期早。花束状果枝、短果枝开花早。

大樱桃的芽在冬季处于休眠状态，在其进入休眠后，必须经过一定的低温才能解除休眠。解除休眠所需要的时间和强度称为需冷量或低温需求量。测定需冷量是以花芽解除休眠而萌发开花为指标，所以严格地说应是花芽解除休眠的需冷量。据研究，大樱桃在7℃左右的气温下解除休眠所需的时间最短，这就意味着7℃对解除其休眠最有效。低于7℃其效果降低；低于0℃对解除休眠无效；高于7℃随气温的增高对解除休眠的效果不断降低，高于一定温度对解除休眠成为负效果。

经过一定低温之后，随着气温的升高，大樱桃开始进入萌芽开花期。通常把大樱桃开花的物候过程分为以下6个阶段：一是花芽膨大期，全树有25%的花芽开始膨大，鳞片错开。二是露萼期，鳞片裂开，花萼顶端露出。三是露瓣期，花萼开裂，露出花瓣。四是初花期，全树有5%～25%的花开放。五是盛花期，全树有25%～75%的花开放。六是落花期，全树有50%以上花的花瓣正常脱落。

由于保护地内不同位点的温度不相同，所以同一个品种中树与树之间的开花期也有差异。这就会给授粉带来不利影响，因此要尽量减少大棚内不同位点的温度差异。

(2)新梢生长　大樱桃的新梢生长与果实的发育交互进行，新梢在萌动后有一个短促的速长期，长成6～7片叶，成为6～8厘米长的叶簇新梢，以后进入开花期间新梢生长缓慢，落花后又与果实的第一次速长同时进入速长期。果实进入硬核期时，新梢生长缓慢，果实采收后，又会进入一个阶段的速长期。幼树的新梢生长较为旺盛，第一次停止生长比成龄树推迟10～15天，进入雨季后还有第二次生长。

(3)果实发育　大樱桃果实的生长发育期较短，从落花至成熟所需的天数为果实发育期。按其发育的天数划分品种的熟期，果实发育期天数少于45天的为早熟品种，50天左右的为中熟品种，

60 天左右的为晚熟品种。在我国目前生产栽培的品种中，极早熟的其果实发育期为 27 天，极晚熟的为 65 天。

果实发育分为 3 个时期，第一时期从落花至硬核前，为速长期。主要特征是果实迅速膨大，果核迅速增长至成熟时的大小，胚乳也迅速发育。这一阶段的长短，不同品种表现不一，为 9～15 天，此阶段结束时果实的大小是采收时果实大小的 53.6%～73.5%，这说明采收时的单果重，主要取决于这一个时期果实的发育程度。

第二时期为核硬和胚发育期，果个增长渐慢，果核开始木质化，胚乳逐渐为胚的发育所消耗，营养物质主要供给胚发育，此阶段为 8～14 天，这个时期果实的增长量仅为成熟时果实大小的 3.5%～8.6%。

第三时期自硬核后至果实成熟，为果实第二次迅速生长期。此期主要特点是果实迅速膨大，一般横径增长量大于纵径增长量，这一时期为 11～17 天，这个时期果实增长量是果实成熟时果个大小的 23%～37.8%。

果实发育的第一、第二时期遇严重干旱或灌水过多，往往会造成果实黄萎脱落，果实的第三发育时期，特别是成熟前大水漫灌或空气湿度大，会造成果实裂口腐烂。

果实的生长发育除了果实增大之外，还伴随着一系列生理生化变化，最明显的是果实可溶性固形物含量的增加和果实颜色的变化。大樱桃的果实在成熟时叶绿素 A 转变成叶绿素 B，然后发生叶绿素 B 的降解，果皮的基色由绿色变成黄色。大樱桃的果实在未成熟时含有大量的紫黄素（一种类胡萝卜素），随着果实成熟，β-胡萝卜素和环氧类胡萝卜素逐渐增加，果皮颜色出现红晕，或变成鲜红色至紫红色，有的品种甚至成为紫黑色。

(4)花芽分化　花芽分化是指芽的生长点发生一系列生理变化和形态变化形成花芽的过程。大樱桃花芽分化过程可分为苞片形成期、花原基形成期、花萼分化期、花瓣及雄蕊原基形成期和雌蕊原基形成期。大樱桃花芽分化的特点是分化时间早、分化时期集中、分化进程迅速。辽宁省果树科学研究所对大樱桃花芽分化的镜检观察证明，大樱桃的花芽分化是在幼果期（硬核后）开始，也就是在落花后 20～25 天开始，落花后 80～90 天基本完成。不同栽培条件下或不同品种间稍有差异。

大樱桃花芽的形态分化虽然在花后 80～90 天基本完成，但花器的发育一直延续到翌年，翌年芽萌动时，花药中的分生细胞开始延长并形成花粉，此时花的分化才算最后完成。

由于大樱桃的花芽分化是与果实第二次速长期同步，此时期养分需求量大，供需矛盾大，易造成养分竞争，需及时补充养分和水分，否则会导致翌年花芽数量减少和质量降低。大樱桃花芽分化还受温度和日照的影响。如果分化期温度低、日照时间短，对花芽的形成和翌年的产量很不利。大樱桃花芽分化也与管理水平有关，所以需加强肥水管理，尤其不能忽视花前土壤追肥和花后根外补肥。大樱桃容易发生营养缺乏症，缺硼时花芽发育不良，表现只开花不结果，所以对大樱桃要保证硼的供应。

（5）落叶和休眠　在正常管理条件下大樱桃的落叶发生在霜冻前后，各地因霜期的早晚不同，落叶期也有相应的变化，不同品种间稍有差异。成龄树和充分成熟的枝条能适时落叶，而幼旺树及不完全成熟的枝条落叶较晚。落叶后树体便进入休眠期。

2. 根、叶、花和果的特征特性

（1）根　根是大樱桃的地下部分的营养器官。根的主要功能是从土壤中吸收水分和无机盐等各种矿质营养，供给树体合成各种有机物质，同时也对树体起固定作用。

大樱桃的根按其来源不同可分为实生根和茎原根两大类。播种繁殖的砧木苗，先长出胚根，然后发生侧根形成的根系称实生根。扦插繁殖或分株繁殖的砧木，其根系是由插条基部或母株的不定根形成，这类根叫茎原根。

大樱桃的根系生长和结构特点因砧木种类和苗木繁殖方式不同而有显著差异。中国樱桃砧木的根固地性较差，在雨季积水或大风天气易造成大树倒伏。山樱桃、马哈利樱桃和酸樱桃的主根发达，根系分布较深，固地性较强，较中国樱桃抗风力强。根系的发育程度还与土壤状况以及肥水管理水平密切相关，土层深厚、质地疏松、通气良好且肥水供应充足，则根系发达、植株生长健壮。大樱桃根系对土壤积水非常敏感，在雨季如果发生土壤内渍水时间较长，可导致根系缺氧而死亡。

(2)叶　叶片的基本功能是进行光合作用。单位面积叶片的光合效率和总叶片的生物学产量是果实产量的基础。单位面积的光合效率受多种外界因素和树体自身生理状态的影响。大樱桃是喜光植物，充足的光照是合成更多的光合产物的能量来源。

大樱桃的叶片多为长椭圆形，浓绿色有光泽，叶缘锯齿形，叶柄着生蜜腺，蜜腺数量因品种不同而有所不同，一般为 2～3 个，多则 4～5 个，蜜腺的颜色和大小有时也是区分果实颜色和果个大小的依据。大樱桃树的幼叶颜色因品种有较大的差异，可以作为品种的特征之一。大樱桃叶片一般长约 13 厘米、宽 6～7 厘米，品种不同，叶片大小各异。相对而言，叶片宽大、叶肉肥厚，其果实大。叶片的大小因着生的枝条种类而有较大差异，发育枝的叶片更能反映品种的特点。叶片大而厚，叶面积大，形成的花芽饱满，翌年的坐果率相应就高；叶片小而薄，叶面积小，花芽形成的数量少、质量差，果实质量相应差。通常每个果应保持有 3～5 个以上的叶片，才能保证较高的结实率和当年的果实品质。

(3)花芽与花　大樱桃的每个花芽一般孕育 1～5 朵花，营养条件好或个别品种的花芽，可孕育 7～8 朵的，个别的还有孕育 10 朵的。花朵为子房下位花，由雄蕊、雌蕊、花瓣、花萼和花柄组成，花序为伞房花序。每朵花有雄蕊 40～42 枚，每个花药有花粉

6 000～8 000 粒。发育正常的花只有 1 枚雌蕊，但在高温干燥的气候条件下也会出现每朵花有 2～4 枚雌蕊的现象。如果在花芽分化期营养不良，大樱桃会发生雌蕊退化，退化花的柱头和子房萎缩而不能结实。

大樱桃开花后数小时花药破裂释放出花粉。开花后在 4 天以内授粉能力最强，5～6 天授粉能力中等，7 天以后授粉能力最低。大樱桃花的授粉过程主要依靠蜜蜂、风力和重力作用完成的。在授粉过程中，只有亲和性品种的花粉在柱头上才能萌发。花粉萌发后，原生质连同它的内壁从萌发孔向外突出，然后伸长成为花粉管。花粉管萌发后一般在 2～3 天内就能经过柱头的细胞间隙进入花柱，然后再需要 2～4 天的时间才能穿过中果皮到达胚珠。花粉管从珠孔经过珠心而进入胚囊。在胚囊中花粉管顶端破裂，放出 2 个精子，其中一个与卵细胞结合形成合子（受精卵），合子以后发育成胚。另一个精子与 2 个极核结合发育成胚乳。大樱桃从开花、传粉到授粉全过程约需 48 小时，有时则可能延长到 2～3 天。

（4）果实　大樱桃的花经过授粉和受精发育成果实，其果实由外果皮、中果皮、内果皮（果核）、种皮和胚组成，可食部分为中果皮。大樱桃在成熟前遇雨、灌水过多或空气湿度大很容易发生裂果。因为大樱桃果实表面分布有许多气孔，这些气孔随着果实的成熟并不能像苹果、梨那样形成木栓化的皮孔。所以，当外部水分由气孔大量进入果肉组织时，就会造成果肉组织膨胀，果皮拉紧，当超过果皮拉力强度的限制时就会造成裂果。另外，大樱桃的外果皮角质层还会产生许多小裂缝。这些小裂缝在果实成熟前如果大量吸水，果实迅速膨胀，裂缝就会深达果肉而造成裂果。

（二）大樱桃生长发育对环境条件的要求

1. 温度　大樱桃原产自亚洲西部和欧洲等地，适应凉爽干燥气候，属喜温不耐寒的果树，适宜在年平均温度 12℃ 以上的地区露地栽培，一年中日平均温度高于 10℃的时间需在 150～200 天以上。

在大樱桃年生长周期中，不同时期对温度的要求不同，萌芽期适宜温度 10℃～15℃，开花期适宜温度 12℃～18℃，果实发育期至成熟期适宜温度 20℃左右。大樱桃冻害的临界温度为－20℃，有时在气温达到－18℃时，大枝和树干也会有严重冻害；气温达到－25℃以上时，大樱桃的地上部分会全部冻死；气温达到－30℃时，根部严重受冻，会大量死树；大樱桃的根系在晚秋地温－8℃以下、冬季－10℃以下、早春－7℃以下的情况下也会遭受冻害。

温度对保护地大樱桃产量影响最大的是冬前覆盖不及时，造成花芽冻害，或萌芽至开花期棚内温度过低，造成花蕾冻害。大樱桃在花蕾期遇到超过 2 个小时以上的－2℃低温，会出现冻害。花蕾期在－3℃的低温条件下，持续 4 个小时以上，花蕾将会 100％受冻。

保护地大樱桃还常因高温造成伤害。在晴朗的中午，如果通风不及时，棚内温度很快会上升至 25℃以上，甚至达 35℃，超过大樱桃花芽萌动、开花坐果以及花芽分化各阶段所能耐受的高温限值，会引起雄蕊败育，出现没有花粉的花药、雌蕊发育不良、柱头上黏液少、花粉死亡等不良症状，导致授粉和受精过程障碍，造成严重减产。

2. 水分　大樱桃对水分状况很敏感，具有喜水而又不能渍水，既不抗旱也不耐涝的特性。因为大樱桃叶片大，蒸腾作用强而需要较多的水分供应，但又因根系浅而抗旱能力又差，所以大樱桃适于在年降雨量 600～700 毫米的地区生长。

大樱桃正常生长发育需要一定的土壤和大气湿度，但高温多湿又容易导致徒长，不利于结果。在坐果后若过于干旱则又影响果实的发育，导致旱黄落果，以至大量减产。如果在果实发育期干旱，而在成熟期降雨，或在果实接近完熟时出现雾天，会引起大量裂果。土壤水分过多,造成土壤氧气不足,根系不能进行正常的呼吸作用时,就会发生涝害,严重时会造成整株死亡。

3. 光照　大樱桃是喜光性较强的树种。对光照要求比其他落叶果树高。光照条件良好时,生长健壮,结果枝寿命长,树冠内膛光秃的进程较慢,花芽发育充实,坐果率高,果实成熟早,着色鲜艳,含糖量高,品质好;光照条件差时,树冠外围新梢易徒长,冠内枝条衰弱、易光秃,结果枝寿命缩短,结果部位外移,花芽发育不良,坐果少,果实成熟晚,品质差。大樱桃在保护地栽培条件下,所覆盖的塑料薄膜透光率一般不超过 75%,如果膜上积尘较厚,清扫不及时,透光率还会进一步降低。若果实长期处于弱光照条件下,对果实的成熟着色、含糖量都有不利影响。

4. 土壤　大樱桃的根系呼吸旺盛,要求土壤不但深厚肥沃,而且要通透性良好。因此,大樱桃适宜在土层深厚、土质疏松、透气性好、保水较强、肥力较高的沙壤土、壤土和轻黏壤土上栽培。在土质黏重、透气性差的黏土上栽培时,根系分布浅,不抗旱、涝,也不抗风。马哈利作砧木的大樱桃尤其不适宜在黏重土壤上栽植;用中国樱桃作砧木者对黏重土壤有一定适应能力。据报道,德国培育的吉塞拉系列大樱桃矮化砧木在黏重土壤中生长较良好。

大樱桃对盐碱反应敏感,在 pH 值为 8 以上的土壤中栽植,生长发育不良,2～3 年后会发生黄叶现象,严重影响坐果率,多年后会发生死树现象。但在微酸性土壤中栽植,则有减轻根瘤病发生的作用。

二、田间管理技术

(一)覆盖与升温

1. 覆盖 在大樱桃保护地栽培中,覆盖的目的一是保护树体不受冻害,二是使树体提早进入休眠。覆盖的时间依据不同地区冬季气温的特点而定,一般在大樱桃进入休眠期进行覆盖。大樱桃在气温低于7.2℃时就进入自然休眠阶段,纬度高的地区覆盖时间较早,纬度低的地区覆盖相对较晚。

在大樱桃保护地栽培中,为了使果实提早成熟上市,获得较高的经济效益,采取提早覆盖的措施,达到提早解除休眠的目的。解除休眠越早,升温越早,果实成熟期也就越早。经辽宁省果树科学研究所研究表明,当外界气温第一次出现0℃以下(初霜冻)低温时,就可进行覆盖,不要等到树体落叶后再覆盖。覆盖后棚内温度保持在0℃~7.2℃,有利于需冷量的满足和安全度过休眠期。多年来,辽宁省熊岳地区经常于10月中下旬出现霜冻,霜冻的当日或第二天覆盖是最佳的,12月中旬即可揭苫升温,效果很好。以促早熟为目的的大棚或温室,在覆盖后的整个休眠期间温度若高于7.2℃,可在晚间温度低时揭苫通风降温,日出前放苫保温;若温度过低,可在白天适当卷苫升温至7℃,这样有利于升温后地温的提高。此期需50天左右,保证低温量在1 200小时左右。

在北纬35°附近地区,冬季最低气温不低于-15℃,大樱桃在休眠期无冻害发生,可在大樱桃完成自然休眠之后直接覆盖,覆盖后即行升温。一般覆盖时间在1月上中旬。

在北纬40°以北地区,冬季气温低于-18℃,大樱桃容易发生严重冻害,应提早进行覆盖,不但可以使树体提早进入休眠,而且还可避免树体遭受冻害,早休眠便可早升温。北纬40°附近地区一般于 10 月中下旬至 11 月初覆盖。北纬 45°附近地区一般于 9 月下旬至 10 月上中旬覆盖。

人工制冷强迫休眠的温室，覆盖时间依据果实上市的时间要求来定，但必须是在树体完成生长发育之后，最好应选择上年反季生产的温度，因其生长发育提前完成，是覆盖时间一般在 8 月末至 9 月初。

促晚熟的温室，其覆盖时间在土壤结冻之前，覆盖后前期保持室内温度在 0℃～7℃，后期 0℃～－5℃，温度高时于清晨或傍晚揭苫降温，春季来临棚室内温度升高至 0℃时，可加盖覆盖物和采取放置冰块等措施降温。

2. 升温　升温是指将覆盖物进行昼揭夜放管理，清晨外界温度较高时，将覆盖物揭开，使其棚室内温度升高，使大樱桃树体接受阳光，傍晚温度较低时将覆盖物放下，保持其棚室内温度。升温时间依据大樱桃休眠期的低温需求量和保护地栽培的设施类型以及栽培目的来确定。

(1)根据大樱桃的低温需求量(简称需冷量)确定　大樱桃落叶后即进入休眠，只有经过一定的低温阶段后(0℃～7.2℃)才能解除休眠，进入萌芽期。据历史资料记载，大樱桃需冷量为 733～1 440 小时，品种不同，所需的低温时间也不尽相同。据辽宁省果树科学研究所(2000 年)研究表明，红灯、红艳、红蜜、巨红的需冷量为 850 小时，佳红为 950 小时，拉宾斯为 1 040 小时。促早熟栽培大樱桃的升温时间，必须以所栽品种最高的需冷量来确定，以保证花期相遇、开花整齐。如果需冷量不足，会出现萌芽开花不整齐、花期拉长、先叶后花、坐果率低等现象。保护地促早熟栽培大樱桃，需冷量需达到 1 200 小时左右揭苫升温较为安全可靠。

(2)根据设施类型确定　日光温室栽培大樱桃，因其有较好的保温性能，主要是促早熟和促晚熟栽培。促早熟栽培的，需要及早适时覆盖，尽快满足低温需求量，升温越早越好。促晚熟栽培的，是尽可能晚覆盖，覆盖后需要保持较长时期适量的较低温度，升温越晚越好。大棚栽培大樱桃，由于保温性能较差，升温时间不宜过早，覆草苫的应在外界旬平均温度不低于－12℃左右时升温，无草苫覆盖的应在旬平均温度不低于－8℃左右时升温。如果升温过早，在开花期和幼果期可能遭受寒流的影响，使棚内温度下降较大，导致冻害发生。另外，当棚室较多，为减轻采果、销售、运输压力，可分期升温，使果实成熟期错开。

（二）设施调控

利用保护设施栽培大樱桃，其环境条件与露地不同，它不仅受自然条件的限制，也受人为因素的影响。最大限度地创造出一个适宜大樱桃生长的环境是至关重要的，其中温度、湿度、光照是众多因素中最为重要的部分，直接影响大樱桃树体的生长发育，也是关系保护地大樱桃栽培成功与失败的关键。

1. 温湿度调控　适宜的温湿度是保护地管理中最关键的环节，即必须使棚室内的温湿度保持在大樱桃生长发育所需的最适范围内，根据辽宁省果树科学研究所试验结果及各地生产经验，适宜的温湿度及地温调控指标如表 5-1。

表 5-1　大樱桃各生育期温湿度及地温指标

温湿度	休眠期	萌芽期	开花期	幼果期	着色期	采收期
温度（℃）	0～7.2	8～18	12～18	12～22	14～24	14～25
湿度（%）	70～80	70～80	50～60	50～60	50～60	50～60
地温（℃）	5～8	8～18	14～20	16～20	16～20	16～20

（1）温度　升温 1 周内，棚内温度白天最高不超过 15℃，夜间不低于 8℃，之后每隔 2～3 天提高 1℃，至 18℃保持至开花期。

此期间温度控制不可过高或过低，因为从这时起至开花为萌芽期，也称孕花期。大樱桃花芽在这段时间里还在进一步分化，棚内温度过高、过低都会影响大樱桃花芽分化的质量，最终影响树体的坐果和产量。姚宜轩等研究表明，露地大樱桃的花芽在越冬前仅形成了小孢子母细胞，直到结束休眠的3月份（莱阳地区），小孢子母细胞才开始进行减数分裂，形成四分体，3月底形成单核花粉粒，4月上旬花粉粒才发育成熟。此期间大樱桃正处于芽体膨大期。据观察当萌芽期温度在23℃时，开花期有部分花粉败育，当萌芽期温度在25℃时，绝大部分花粉败育。2002年经辽宁省普兰店市大农高效示范园区试验，萌芽期温度控制在8℃～25℃，升温后第二十天初花，25天进入盛花期，结果发现雌、雄蕊及花瓣畸形，花粉极少，花朵坐果率只有1.2%，严重地影响大樱桃的产量。因此，升温后，温度应缓慢提高，从开始升温至初花期间必须保证有1个月左右的时间。否则，即便是开花了，坐果率也是极低的。

大樱桃的开花期对温度的要求更为严格，温度过高、过低均不利于花朵的授粉受精。白天温度应保持在12℃～18℃，最高不超过20℃，夜间最低温度不低于8℃。大樱桃花器耐寒力较差，温度低会影响花粉管的生长，使受精受阻，影响其坐果。

幼果期，白天温度控制在18℃～22℃，夜间为12℃～20℃，有利于果实迅速膨大。果实着色至成熟期，白天温度控制在18℃～24℃，夜间在12℃～15℃，保持昼夜10℃左右的温差，有利于果实着色和糖分的积累。幼果至着色期间的温度控制过低，不仅会延迟果实成熟期，影响果实品质，还会影响花芽分化。但温度过高，虽可使果实生长期缩短，加速果实成熟，但会影响果个大小，使果实着色不良，降低果实的商品价值。

在大棚和温室生产中，从萌芽至采收期间，常会遇到不良气候影响棚内温度，这是不可避免的。因此，必须通过以下措施调节。

①增温措施：对于保温性能差的温室，应加盖一层纸被或棉

被，也称保温被。当遇到气温骤降，棚内温度过低时，或连续阴雪天白天不能卷苫时，应增加临时供暖设备加温，如热风炉、暖气供暖等。但应尽量避免使用明火供暖，尤其是花期更应谨慎，以防产生一些有毒有害气体，给人和树体带来危害。

掌握正确的卷放苫时间也是增加温度的必要方法。虽然早揭晚放可以延长棚内的光照时间，但是当外界气温过低时，揭苫过早或放苫过晚会影响棚内温度，应正确掌握揭放苫时间。一般揭苫后，棚内气温短时间下降 1℃～2℃后然后上升，为比较合适的揭苫时间。若揭苫后棚内温度不下降而是升高则揭苫过晚。放苫后温度短时间回升 1℃～2℃，然后缓慢下降，为比较合适的放苫时间。若放苫后温度没有回升，而是下降，则放苫时间过晚。冬季一般在正常天气情况下，日出后 1 小时揭苫，日落 1 小时前放苫较为合适，春季适当提前揭延后放。在特殊寒冷天气或大风天气时，要适当晚揭早放。在天气暖和时日出时揭，日落时放。阴天时在不影响温度情况下尽量揭苫，散射光也有利于树体生长发育，避免阴天不揭苫。除以上措施外，经常及时清除棚膜上的灰尘，增加透光率也是有效的增温措施。

②降温措施：大棚和温室降温主要通过设置通风窗、通风缝和通风孔等来调节，生产中多采用前屋面上部扒缝的方法降温。通风降温时通风量要根据季节、天气情况和大樱桃各生育阶段对温度要求而灵活掌握。通风降温时要在棚内温度达到最适温度时开始逐步通风。注意在开放通风口时要均匀一致，由小渐大，使温度平稳均匀变化，不能忽高忽低。不能等待温度升高至极限时，突然全部打开通风口，这样会造成骤然降温，使棚内不同部位温度产生极大变化。特别在通风口附近，温度下降迅速，会使花、叶或果实受到伤害。

(2)湿度　湿度控制对大樱桃的生长关系很大。湿度过大或过小都会影响树体的生长和发育，如萌芽期要求棚内空气相对湿度较高，维持在70%～80%，不宜过低，否则萌芽和开花不整齐。开花以后棚内空气相对湿度要求在50%～60%，花期湿度过大或过小均不利于授粉受精，湿度过小时，花柱头干燥，不利于花粉管萌发。湿度过大时，花粉粒由于过于潮湿不易散粉，花柱头黏液过于稀薄对花粉的黏着力变小，也易引起花腐病。幼果期湿度过大时会引起灰霉、煤污病菌滋生，侵染叶片和幼果。果实着色期，湿度过大时会降低透光率，不利于着色，容易引起裂果。因此，棚内湿度的管理与温度管理同等重要，必须对湿度及时加以调节，使之达到大樱桃各生育阶段的要求。

①降湿措施：棚内湿度的调节应把土壤湿度、空气湿度和通风排湿结合起来进行。湿度的调控以排湿为主，降低棚内空气湿度有以下几个措施。

第一，通风排湿。这是生产中采用最多的排湿方法，盖苫后在不影响温度的前提下开启少量通风口，通过换气排湿。当早春(3～4月份)气温回升以后，夜间通风口可留3～5厘米宽的缝不关闭，进行排湿，可使夜间棚内湿度降低15%～20%。

第二，地膜覆盖。空气中的水分相当一部分是从地面土壤蒸发而来的，地面覆地膜可显著减少地面水分蒸发，降低棚内湿度。但是，如果地膜上存有滴水，应及时扎孔使水下渗。覆地膜虽能降低湿度，但是无疑会增加投资成本，不如经常松土和选择近3～5天内是晴天之前灌水保持地面干燥，是最佳的降湿方法。

第三，改变灌水方式。采用挖坑灌水后覆土或膜下灌溉方法，可降低棚内湿度。另外，灌水应选择晴天上午，这样中午通风时加大通风量排除一部分湿气，降低夜间空气湿度。

第四，放置生石灰降湿。果实成熟初期在棚内放置生石灰，利用生石灰吸湿的特性，吸收棚内空气水分，降低棚内湿度，可使湿度降低10%～20%，有效地减少裂果的发生。放置生石灰时用木箱或盆等容器盛装生石灰，每隔3～5米放置一处，每667米^{2}用量为200～300千克。

另外，选用无滴防雾棚膜，覆膜时南北向要抻紧，避免有褶皱，都是湿度管理必须做到的。

②增湿措施：需要增湿的时期主要在萌芽期和开花期，增湿措施主要是灌溉和喷水，灌溉不利于地温的提高，不宜提倡，向地面喷水是一个简单易行的方法，可在晴天上午9～10时向地面喷雾或洒水，水不要喷洒过多，以放苫前1～2小时全部蒸发完为宜。有条件的可用加湿器来增湿。

2. 光照调控 大樱桃是喜光性强的果树，在保护地栽培条件下，受设施结构、方位、覆盖材料及管理技术的影响，其光照强度降低，容易出现光照不足，影响光合作用，表现出新梢细弱、节间延长、叶片薄软、绿色不浓等不良现象，使树体发育不良，花芽分化率降低，果品质量下降，甚至减产。

大棚和温室增加光照除了选择最优结构和合理方位的设施及适宜的塑料薄膜外，促早熟栽培时，因开花和幼果期常遇连续的阴雪天气，需要采取增光、补光措施，以弥补光照不足。促晚熟栽培时，为了使果实延期成熟，则需要在萌芽至果实着色期间晴天的中午，放苫遮光1～3小时，以缩短光照时间。生产中通常采取以下技术措施来增加光照。

(1)延长光照时间 在不影响保温的前提下，草苫要尽可能早揭晚放，延长光照时间。

(2)铺设反光膜 于幼果期开始在树冠下面和后墙铺挂高聚酯铝膜，可以将射入温室树冠下和后墙上的光线反射到树冠中上部和内膛及后部弱光区，能增加光照25%～30%，使温室整体光照得到改善。

(3)清洁棚膜 利用棉布条或旧衣物等制作长把墩布，经常清洁棚膜上的灰尘和杂物，增加棚膜的透光率，这是一项非常重要的增加光照的措施。一般每2～3天清洁1次。

(4)补光　在遇到连续3天以上阴雪天或多云天气无法揭帘时,应该进行补光。多采用日光灯、白炽灯、农用高压汞灯和碘钨灯等。灯距树体顶部叶片60厘米以上为宜。每天以43.2瓦/(时·米^2)补光18小时,效果很好。

3. 气体调控　保护地栽培大樱桃,从萌芽至采收期间处于密闭状态,棚室内空气成分与露地不同,主要表现在2个方面:一是氧气和二氧化碳的浓度与露地空气中的含量不同,二是肥料分解和塑料薄膜老化释放的有害气体等,气体影响不像光照和湿度那样直观,往往被人们所忽视,因此有必要了解棚室内气体状况,以便适当调节。

(1)二氧化碳　二氧化碳是植物光合作用不可缺少的原料,植物叶片吸收太阳光能,将二氧化碳和水同化成有机物质。二氧化碳浓度的高低,直接影响植物光合效率,进而影响大樱桃的产量。在一定范围内,二氧化碳的浓度越高,光合速率越高,但大棚和温室处于密闭状态,晴天时,在不开启通风装置情况下,棚室内二氧化碳不能及时补充,易造成二氧化碳浓度过低,不能满足光合作用的需要。

大棚和温室内二氧化碳浓度变化规律是:从下午4时密闭后,随着植物光合作用的减弱和停止,二氧化碳浓度不断增加,晚上10时达到最高为1 000毫克/千克左右。这个浓度一直保持到翌日清晨揭苫前,这段时间内棚内的二氧化碳气体主要来自植物的呼吸和土壤中有机物的分解。揭苫后随着太阳照射,光合作用的加强,二氧化碳浓度急剧下降,至上午9时二氧化碳浓度已低于外界大气中的二氧化碳浓度,特别是晴朗无风的条件下更为明显,通风之前出现最低值。

若果树长期处在二氧化碳浓度低的条件下,就会严重影响其光合作用。生产中通常采取人为补充二氧化碳气体的方法来解决。目前,补充二氧化碳的方法有:一是增施有机肥,利用有机肥分解产生大量二氧化碳气体来增加二氧化碳浓度。二是施用固体二氧化碳肥料或二氧化碳气肥。三是用稀硫酸和碳酸氢铵混合反应产生二氧化碳气体。四是利用煤油、煤炭、沼气等充分燃烧放出二氧化碳。五是通风换气调节，晴天揭苫后和放苫前在不影响温度的情况下，少量开启风口进行气体交换，补充二氧化碳。

在大樱桃棚室内补充二氧化碳时，应在花后开始使用，一般揭苫后 0.5～1 小时即可施放，放苫时停止，阴天少施或不施，打开通风口通风量大时也可不施。施用二氧化碳后可适当提高棚内温度，以便充分发挥肥效。

(2)有害气体　有害气体包括氨(NH_3)、二氧化氮(NO_2)、一氧化碳(CO)、二氧化硫(SO_2)、乙烯和氯等。

①氨：氨主要来自未腐熟的畜禽粪、饼肥等的发酵分解过程。此外，施用氮肥如碳酸氢铵、尿素等，都会引起氨气的积累而导致植物中毒。氨气在空气中的含量达到 5 毫克/千克时，大樱桃的幼叶首先受到损害，开始出现水渍状斑点，严重时变色枯死。氨害多发生在施肥后 1 周内。

为了避免氨害的发生，必须施用经过充分腐熟的有机肥。施氮肥要沟施，边施边及时覆土，并结合灌水，以防氨气的挥发，若有发生应及时通风排除氨气。

②二氧化氮：二氧化氮气体多由不合理施肥方法和施用过多氮类肥料造成，当土壤呈碱性或氮肥施用过多时，硝酸细菌的作用降低，多余的二氧化氮不能及时转变成硝酸，则在土壤中积累或释放至空气中，使树体受害。二氧化氮的危害多发生在施肥后 1 个月左右。当二氧化氮浓度达到 25 毫克/千克时，叶绿体退色，出现白斑，浓度高时叶脉变成白色，甚至全株枯死。

为避免二氧化氮的挥发，施用氮肥时，要少量多次，最好与过磷酸钙混施。

③二氧化硫和一氧化碳：二氧化硫是由于燃烧含硫量高的煤

炭而产生的，施用未腐熟的粪便及饼肥在其分解过程中，也会释放出较多的二氧化硫。当二氧化硫浓度达到 5 毫克/千克 1～2 小时后，叶片的叶缘和叶脉间细胞就可致死，形成白色或褐色枯死。

一氧化碳是由于煤炭燃烧不完全和烟道有漏洞缝隙而排除毒气，不仅对树体，而且对管理人员的危害都很大。

为防止二氧化硫和一氧化碳的危害，加温时用的燃煤要选用优质无烟煤，要燃烧彻底，烟道要严密。若发现有烟气或异味，要及时通风换气。

④乙烯和氯：乙烯和氯来自于有毒的塑料薄膜和有毒的塑料管。乙烯在空气中的浓度超过 0.05 毫克/千克时，易造成危害，使叶片退色，严重时引起死亡。氯的危害也较大，当氯的浓度达到 0.1 毫克/千克时，就可破坏叶绿素，使叶片退色、枯卷，甚至脱落。经常通风换气和采用安全无毒的塑料制品，是防止有毒气体产生的有效方法。

（三）花果管理

花果管理关系到果品产量和质量，主要包括提高花蕾质量、辅助授粉、疏蕾疏花、除花瓣、增强果实着色、防止裂果及灰霉病等，重点是提高坐果率、防止裂果和促进花芽分化。

1. 保证充足光照，提高花蕾质量　在萌芽期，应使树体尽量多的接受阳光照射，对提高花蕾发育质量和坐果率十分重要，是促进坐果和提高花蕾质量的不可忽视的技术环节。若逢阴雪天时，在保证不降至最低温度的前提下，也要坚持揭苫，提高花器的发育质量。萌芽至花期更不要放苫降温，也不要用高温闷棚的方法提高地温或催芽。

2. 疏花与疏果　疏花疏果可以使树体合理负载，减少养分无谓消耗，有利于果实发育和提高果实品质。疏花疏果包括疏花芽、疏花蕾和疏果：一是花芽膨大期疏除短果枝和花束状果枝基部的瘦小花芽，每花束状果枝上保留 3～4 个饱满肥大的花芽（图 5-1），现蕾期疏除花序中瘦小花蕾（图 5-2），开花期疏去柱头短和双柱头的畸形花，每个花芽保留 2～3 朵花。二是盛花 2～3 周即生理落果后进行疏果，主要疏除畸形果和病虫果。

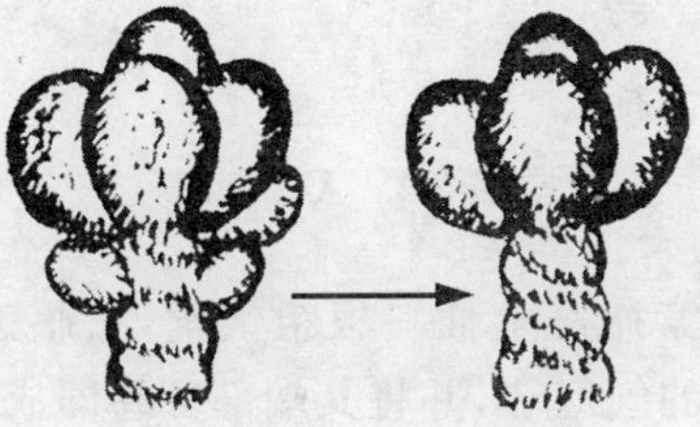

图 5-1　疏 花 芽

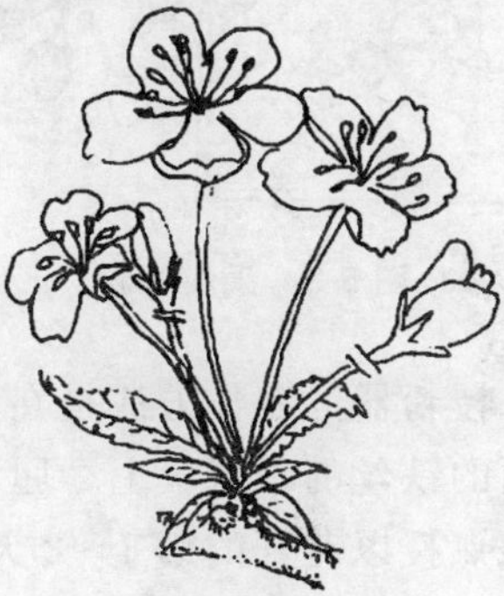

图 5-2　疏 花 蕾

3. 辅助授粉

（1）人工辅助授粉　自初花期开始，每天进行 1 次。一般在上午 9～10 时和下午 2～3 时授粉为宜。人工辅助授粉的方法有 2 种：一是用鸡毛掸子在不同品种的花朵之间，轻轻掸花或擦花。二是人工采集花粉，用授粉器点授。人工辅助授粉的花粉来源是采集含苞待放的花朵人工制备。具体做法是将花药取下，薄薄地推在光滑的纸上，置于无风干燥、温度在 20℃～22℃的室内阴干（图 5-3），经 1～2 昼夜花药散出花粉后，装入授粉器中授粉（图 5-4）。采集花粉的时间一是在自己棚里采，随时采随时用，二是在露地园采，采后阴干，阴干后装入有盖的小玻璃瓶中，放入干燥器皿中密封，或放入塑料袋中并加入干燥剂密封，贮藏在－20℃～－30℃的低温条件下（冷库、冷冻箱）贮藏，授粉时从冷冻箱中取出花粉，在室温条件下放置 4 小时以上，再进行人工点授。

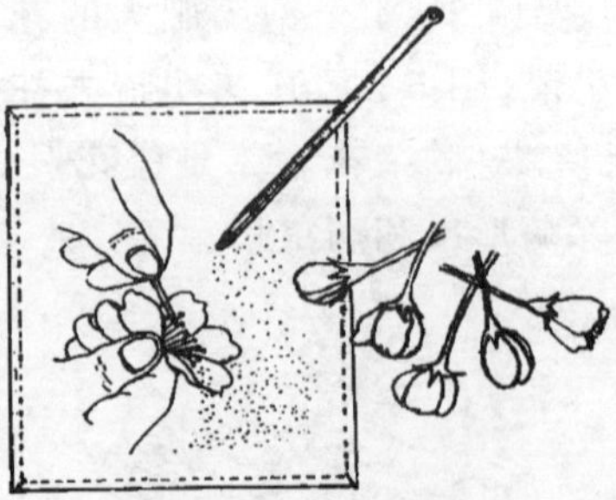

图 5-3　采集花粉

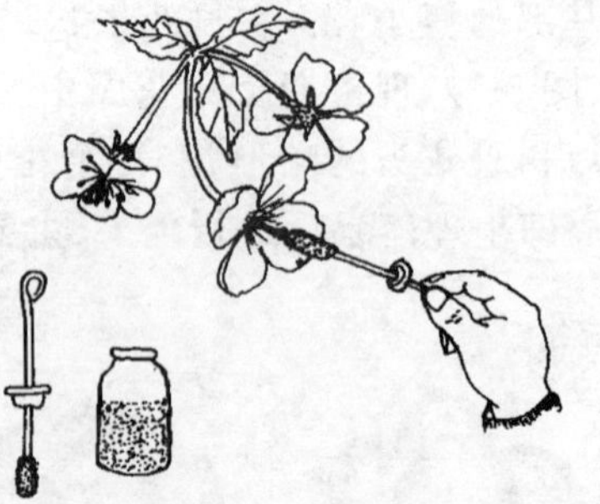

图 5-4　人工授粉

授粉器的制作方法是在青霉素瓶盖上插一根粗铁丝，在瓶盖里面的铁丝的顶端套上 2 厘米长的气门芯，并将其端部翻卷即成，人工点授以花开的第 1～2 天内效果最好。

（2）蜜蜂辅助授粉　人工点授花粉虽然坐果率较高，但是费时费工，主要还是依靠蜜蜂进行辅助授粉，即在大樱桃初花时每棚室放 1 箱蜜蜂即可。在放蜂期间，若遇雪天或低温天气，蜜蜂不出巢采蜜，必须采取人工授粉的措施，保证授粉。

4. 除花瓣　温室和大棚大樱桃的花期较露地花期空气湿度大，又无空气流动，花瓣不易脱落或落在叶片和果实上，影响叶片光合作用，也易引起叶片和果实的灰霉病发生。所以，在落花期间，要每天下午在棚内气候干燥时，时常轻晃枝条，震落花瓣，并人工摘除落在叶片和果实上的花瓣。

5. 提高坐果率的辅助措施

（1）花期喷施叶面肥　于初花期或盛花期喷布 1 次 0.2%尿素＋0.2%～0.3%硼砂溶液，提高坐果率。花期喷硼，注意不要在阳光强烈和高温时喷施，高温时喷施易发生肥害，使花瓣出现枯焦现象，因此应在下午或多云天时喷施。

（2）PBO 的应用　对生长势较旺的树，和整个萌芽至开花期间，如果时常处在阴雪寡照的情况下，可以在花前 1 周左右或花后

1 周左右喷施 1 次 PBO 300 倍液,对控制新梢旺长、提高坐果率有显著作用。另外,近年来的生产实践还证明,在喷施荣芽(芽破眠剂)之后,新梢易旺长,喷施 PBO 对抑制新梢徒长、提高坐果率效果明显。PBO 是近年来在果树上应用的一种叶面肥,PBO 有促控剂和生长调节剂 2 种类型,在应用时一定要仔细阅读产品说明书,浓度不可过高,弱树更不可使用。

(3)除萌和摘心　于花期开始,经常摘除过多萌蘖和过旺新梢的嫩尖有助于提高坐果率。

6. 防止落果和裂果　为防止落果和裂果应采取如下措施。

(1)保持土壤水分状况稳定　在果实发育期间,要严格掌握水分管理,使土壤含水量保持在田间最大持水量的 60%左右,尤其是幼果期的灌水时间不能早于硬核前,灌水量也不应过大,灌水原则是少灌勤灌,更不要等到干透再灌。

(2)降低棚内空气湿度　果实着色期,由于枝梢的生长发育,叶面积增大,树体蒸腾水分增多,使棚内空气湿度增大,应经常适时开启通风装置,通风排湿。温度高时,可稍留风口不关闭,以降低夜间棚内湿度。灌水时采取挖沟或坑的方法,水渗后覆土盖严,保持地表干燥,此外,还应选择在晴天时灌水。

7. 促进花芽分化措施　在正常的肥水管理中,不要忽视花后至采收期间叶面补肥。一般于落花后 10～15 天开始至采果后 1 个月,每隔 7～10 天喷 1 次叶面肥,肥料以富含磷、钾、钙、氨基酸等主要养分为主,以促进花芽分化。

(四)土肥水管理

保护地栽培大樱桃相对于露地栽培,其栽培密度大,单位面积中产出量大,对土肥水管理的质与量,要求更严格。在保护地栽培条件下,打破了原来露地大樱桃生长发育的动态,根系发生、生长动态及对养分吸收、利用的规律发生了质的变化,若简单地把露地土肥水管理技术直接应用到棚内，必然造成一定的盲目性，并因其不适合保护地大樱桃生长的需要而影响其正常的生长发育，从而造成产量减少，品质下降。因此，为充分满足保护地大樱桃在每个发育时期对土肥水管理的需求，就要根据其在各个生长发育时期对营养和水分的需求规律进行合理管理。

1. 土壤管理

(1)松土　土壤管理的主要作业是松土，及时松土可以切断土壤的毛细管，减少土壤水分蒸发，保持适宜墒情，防止土壤板结；同时，还可抑制杂草滋生，减少土壤养分消耗。还可以提高土壤的通气性，对结果树来讲，萌芽至果实硬核期松土，还有提高坐果率和促进花芽分化的作用。

松土作业的时间一是在萌芽前，二是在每次灌水和降雨之后。由于大樱桃根系呼吸强度大，需要经常保持良好的通气条件，所以在树体萌芽前，必须进行一次翻树盘松土作业，然后是在每次降雨和灌水之后也必须松土，这要成为一项经常性的重要的土壤管理工作。树体萌芽前的翻树盘松土深度在10～20厘米，距主干处稍浅，外缘处渐深。每次灌水和降雨后的松土深度一般为5～10厘米，松土时要注意加高树盘土壤，防止雨季树盘积水造成涝害。

(2)覆地膜　温室和大棚栽培大樱桃地面覆盖地膜，主要目的是提高春季栽苗期和冬季棚室升温初期的地温，以提高苗木成活率和萌芽整齐度。

覆盖地膜的时间应在松土后。否则，会因土壤含水分过多，土壤透气性降低，而影响根系生长发育。为了保证根系的正常呼吸和地膜下二氧化碳气体的排放，地膜覆盖带不能过宽。春季新栽幼树苗木成活后，6月份要及时撤膜或膜上盖草遮阴，防止地面高温。为提高覆膜后的土壤透气性，在膜下覆少许蓬松的乱草是最好的方法。棚室内覆地膜的时间是于翻树盘后，待地温提高后应去除。有的栽培者覆地膜的同时也是为了降低棚室内空气湿度，要等到采果后才去除，实践证明，覆地膜对降低棚室内湿度效果不大。相反，地膜上存有滴水，会增加棚室内湿度。我们不提倡覆地膜，只要休眠期的室温不低于 0℃，就不用靠覆地膜来提高地温，应尽量减少投资成本。

覆地膜时，还要根据不同的使用目的而选用不同类型的地膜。无色透明地膜不仅能良好地保持土壤水分外，还因其透光率高，增温效果好，适宜栽树时应用。反光膜主要功能是将光反射到树体上，适宜应用在幼果至成熟期，覆在地面和挂在后墙上，增强树体光照强度。黑色地膜对阳光的透射率在 10% 以下，反射率为 5.5%，因而不仅有保湿作用，还有杀死膜下杂草的作用，虽然保温效果好，但增温效果不如透明膜，在草多地区多使用此种地膜。

(3)覆草　覆草可使土壤温湿度保持相对稳定。草及秸秆等腐烂分解后，产生的胡敏酸可使土粒胶结成团粒结构，能够增强土壤通透性和保水保肥能力，有机物的分解也增加了土壤有机质含量，提高土壤的肥力。覆草能有效减少土壤水分蒸发，有利于保墒，能够减少灌水次数，既省工又节约水资源。覆草可抑制杂草生长，这样不但能大大减轻除草的繁重劳动，又可防止杂草与樱桃争肥争水，起到较好的水土保持作用。

覆草时间一般以夏季为好，因为这个时期高温、多雨，有利于草的腐烂分解；在高温少雨年份，覆草还可以减少高温对表层根系的伤害，有保护根系的作用。

覆草的材料有麦秸、豆秸、玉米秸、稻草、野生杂草等。覆盖量一般为每 667 米^2 2 000～2 500 千克。如果覆盖材料不足，要首先集中覆盖树盘。覆盖厚度多为 15～20 厘米。

覆草作业要注意以下问题：一是把秸秆切成长 5 厘米左右的小段，撒上尿素或新鲜的人畜尿，将秸秆堆成垛，经初步腐熟后再覆盖。二是覆盖前先浅翻土壤。三是生长季喷农药时，要向覆盖物喷施，以消灭潜伏其中的害虫。四是多年连续覆草后若出现叶片颜色变淡，表明氮素不足，要及时喷 1 次 0.3%～0.4%尿素溶液。每年覆盖的草，应在翌年萌芽前结合翻树盘将腐烂的草翻入土中。

2. 施肥　温室和大棚促早熟栽培大樱桃，树体的生长发育提早在冬季至早春，由于棚内温度相对较低，光照条件较差，根系生长较枝干萌动晚，致使树体当年的营养早期产生较少；加之，高密度栽培需要较高的养分供应，所以必须增加树体贮藏营养和养分及时的供应。

（1）*保护地大樱桃的需肥特点*　重视增加树体贮藏营养和生长期间养分的及时供应，必须先充分掌握大樱桃的需肥特点，适时对症施肥。

①对贮藏营养水平要求高：采用大棚和温室促早熟栽培，树体比露地提前生长 2～3 个月，一方面贮藏在大樱桃树体内的养分转化时间较短，不能充分供应其生长的需要。另一方面棚内温度相对较低，光照条件较差，新生叶片转色期加长，光合效能低，树体当年的营养早期产生较少，加大了对贮藏营养的依赖性。高水平贮藏营养水平不仅有利于大樱桃的正常生长，更有利于其花芽的进一步分化。因此，提高树体贮藏营养水平，是提高产量、改善品质的前提条件。要提高树体早期营养水平，必须进行早秋施基肥，还可以在萌芽至幼果期进行根外追肥。另外，合理的生长季修剪，如摘心、疏枝等，可改善树体的通风透光条件，促进叶片的光合作用，也是节省和提高贮藏营养的措施。保证贮藏养分合理利用也很重要，在保证坐果率的情况下，适当进行疏花疏果，控制枝叶旺长等均为有效的措施。

②根系吸收功能差：保护地条件下，棚内地温相对较低、气温较高，往往地下根系活动晚于地上枝干萌动，易造成地下与地上生长不协调。因此，在管理上要从 2 个方面加以克服：一是棚前沿要挖防寒沟，加隔热层，提高和保持棚内地温，增强根系活动能力。

覆盖后的休眠期间要保持地温不低于7℃。二是升温后要勤松土，提高地温，避免土壤板结。

③土壤易盐渍化：大樱桃保护地栽培，尤其是经过多年连续扣棚生产，造成土壤中盐分积聚而引起土壤盐渍化，是生产中普遍存在的问题。盐渍化不仅降低了土壤的肥力，减弱了土壤的缓冲能力，而且土壤有益微生物的比例降低，这对大樱桃树的生长发育产生许多不良影响，轻者造成大樱桃对矿质元素和水分吸收不平衡，导致生长发育不良；稍重则制约对钙、镁及微量元素的吸收，引起缺素症，坐果不良，叶片出现生理病害，降低产量，导致品质下降；重者新根发生受阻，整株枯萎死亡。因此，在生产上要注意克服土壤盐渍化。增施有机肥，提高土壤有机质含量，增加土壤的缓冲能力，是防止土壤盐渍化的基础措施，而且还可增加棚室内的二氧化碳浓度，一举多得。

合理施用各种化肥，达到离子平衡，也是预防盐渍化的一种措施。化肥施用量应尽量减少，化肥种类上应选择硫酸钾型多元复合肥，不用带氯离子的化肥（如氯化钾、氯化铵等）和单元素化肥（如硫酸铵等）。其他减轻土壤盐渍化的措施还包括采取台田式栽培，使用多年的棚要采取淡水洗盐或客土改造等措施，减少土壤盐分含量，以利于大樱桃正常生长发育。

④易发生各种缺素症：保护地栽培特别容易发生各种缺素症，缺素症对大樱桃正常生长发育造成极为不利的影响，轻者生长不良，重者降低产量，影响果实品质。造成保护地大樱桃缺素症的原因可概括为以下几个方面：贮藏营养不足，对缺素缓冲能力减弱，元素在树体内运输载体减少，移动性差；根系活动能力差，对各种元素特别是微量元素吸收减少；土壤盐渍化，降低各种元素的有效性。在生产上要采取有针对性的措施加以克服，在加大施用充分腐熟有机肥的基础上，增加叶面喷施微量元素肥，做到平衡施肥，是矫正生理缺素症的有效措施。

(2)施肥依据　大樱桃的施肥应以树龄、树势、土壤肥力和品种的需肥特性为依据，掌握好肥料种类、施肥数量、时期和方法，及时适量地供应大樱桃生长发育所需的各种营养元素。

3 年生以下的幼树，树体处于扩冠期，营养生长旺盛，此期对氮、磷需求较多，应以氮肥为主，辅以适量磷、钾肥，促进树冠及早形成，为结果打下坚实的基础。4～6 年生为初果期，此期除了树冠继续扩大、枝叶继续增加外，关键是完成了由营养生长到生殖生长的转化。促进花芽分化是施肥的重要任务，因此，应注意控氮、增磷、补钾。7 年生以后进入盛果期，由于大量开花结果，生长势减弱，除供应树体生长所需营养外，更重要的是为果实生长提供充足营养，此期氮、磷、钾的供应要均衡。

年周期中，大樱桃具有生长发育迅速、需肥集中的特点。从萌芽至采收正是大樱桃需肥的高峰期。在这一时期，应根据树体生长情况增施化学肥料和有机肥料。

(3)施肥原则　一是应重视增施有机肥，充分腐熟的有机肥可以提高土壤有机质含量，增加土壤的缓冲能力，有利于形成稳定的团粒结构。有利于提高土壤肥力，且养分全面可克服生理缺素症。改善土壤结构，促进大樱桃根系的发生、生长和吸收，扩大根系的分布范围。增加棚内二氧化碳浓度，有利于大樱桃树体的光合作用。可以有效防止盐分积累，减轻盐渍化的危害。因此，应以有机肥为主，化肥为辅。二是抓住几个关键时期施肥，生命周期中抓早期，先促进扩冠生长，再促进花芽分化。年周期中抓萌芽期、果实发育期、采收后和休眠前 4 个时期。三是土壤追肥应注意平衡施肥，保护地内由于土壤易盐渍化，诱发各种生理缺素症。在施肥上，一方面要注意化肥种类不能产生盐渍化，另一方面养分要全面，有利于克服缺素症。因此，提倡平衡施肥，如果做不到测土施肥的情况下，以施多元复合肥为最佳。

(4)施肥时期与施肥量　施肥时期分早秋、萌芽初、花期、花后和采果后几个时期，施肥量要根据土壤养分含量、树龄、负载量等诸多因素来考虑，最科学的是应做到测土配方施肥。

①秋施基肥：基肥是大樱桃树年生长周期中所施用的基础性肥料，对树体一年中的生长发育起决定性的作用。施用的最佳时期为初秋，各地气候不一，以霜前40～50天为宜。此时期，地上部各器官虽已基本停止生长，但根系的生长仍未停止，吸收能力很强，加之在较高的地温条件下，土壤微生物活动旺盛，若在这个时期施入大量有机肥料，断根容易愈合并发生新根，结合灌水，部分有机肥可腐解矿化，释放出速效性营养元素，被根系吸收，贮藏于树体枝干及根中，从而提高了树体的营养水平；此期也正是大樱桃有机营养的积累时期，为扣棚后大樱桃的萌芽、开花、结果提供了充足的营养，也为翌年树体生长保证了营养供给。

株施有机肥（猪厩粪）幼树50～100千克，盛果期树100～150千克；或纯湿鸡粪，幼树20～30千克，盛果期树30～50千克；湿饼肥，结果幼树15千克，盛果期树30千克。

②萌芽期追肥：在这一时期进行适量追肥，能明显促进开花、坐果和枝叶生长。此期可以追施腐熟的人粪尿、饼肥和樱桃专用肥，或三元复合肥等速效性含多元素的化肥。施用氮、磷、钾为2∶1∶0.5的配比混合肥料时，结果幼树0.5～1千克/株，盛果期树1～1.5千克/株。盛果期树还应加入豆饼2.5～5千克/株、过磷酸钙0.5～1千克/株。氮、磷、钾的配合比例，因土质、气候、品种、树势、树龄等不同，所采用的各元素配比也不尽相同，应根据本园地的具体情况，决定最佳氮、磷、钾施用配比。

③花期追肥：花期追肥对促进坐果和枝叶生长都有显著的作用。此期一般以根外追肥为主，于盛花期喷施0.1%～0.2%尿素+0.2%硼砂溶液。

④花后追肥：此期正值幼果生长和花芽分化期，养分需求量大，容易造成养分竞争，及时补充速效性养分尤为重要。一定要在

落花后土壤追施速效性富含磷、钾（不含氮或少量氮）以及微量元素肥，一般以土壤冲施肥为主，并于花后半个月开始每7～10天叶面交替喷施一次磷酸二氢钾300倍液和活力素600倍液，促进花芽分化。

⑤采果后追肥：果实的生长发育和花芽分化对树体养分消耗较大，采果后树势需要恢复，花芽分化还在继续进行，仍应土壤追施一次速效性复合肥料。结果幼树株施0.5～1千克，盛果期树株施1～1.5千克，并叶面喷施速效性氮、磷、钾肥（增加氮肥用量），促进花芽继续分化和防止叶片、花芽老化。

（5）*施肥方法*　土壤施肥采用条状沟施肥法、圆形沟施肥法和放射沟施肥法。根外施肥主要是叶面喷布和树干涂抹。

①土壤施肥：秋施基肥时采用条状沟施肥法，即第一年在树盘外围的两侧各挖一条深30～40厘米、宽30厘米，长约树冠1/4的半圆形沟，翌年施树冠的另两侧，或在树盘外围挖圆形沟，将有机肥和化肥与土拌匀后施入。萌芽至采果后土壤追肥时，采用放射沟施肥法，即从距树干50厘米处向外开始划6～8条放射状沟，沟深、宽10～15厘米，沟长至树冠投影的外缘，施入速效性化肥或生物有机肥，施后覆土盖严。

随水冲施也是土壤施肥的一种方法，是将易溶于水的冲施肥料随灌水施入土壤的一种追肥方式。此法不用挖沟可节省用工量，而且随水施入使营养均匀分布于土壤中，有利于根系吸收。

②根外施肥：萌芽至采果后的根外追肥是采用叶面喷施和树干涂抹方法。根外追肥是一种应急和辅助土壤追肥的方法，具有见效快、节省肥料、简单易行等特点。根外追肥直接供给树体养分，及时补充营养，并可防止养分在土壤中固定和转化，养分吸收转化快，叶面喷施一定要将营养液喷在叶的背面，通过叶背面的气孔吸收，喷施时间应在下午或多云天气时，以利于吸收。树干涂抹法是用毛刷将肥液均匀涂于树体的主干或主枝上，通过树皮的皮

孔渗入，参与养分和水分的输导，直接被树体地上部各器官吸收和利用。

3. 水分管理 温室和大棚的大樱桃水分管理，强调灌透萌芽水和采后水，强调严格掌控催果水的时期和灌水量以及灌水方法，要根据树体生长发育对水分的需要和土壤含水量进行。灌透萌芽水，能满足树体萌芽、展叶、开花对水分的需求，灌透采后水，能满足采后恢复树势对水分的需求。严格掌控催果水的时期和灌水量以及灌水方法，能有效杜绝落果和裂果，还可以防止因湿度过大而造成病害的发生。

(1)灌水时期与灌水量 温室和大棚生产在冬春季，并有塑料覆盖，无雨水、蒸发量也小，这是与露地生产的不同之处，需要细心观察和管理。

①萌芽水：即揭苫升温时灌水，可增加土壤和棚内湿度，促进萌芽整齐。水量要充足，灌足灌透，以地面不积水为宜。

②花前水：即开花前补水，可满足发芽、展叶、开花对水分的需求。水量应以“水流一过”为度。

③催果水：即硬核后灌水，可满足果实膨大和花芽分化的需要，这一时期灌水应特别慎重，一般以花后15～20天(硬核后)灌水为宜，水量仍以“水流一过”为度，结果大树株灌水量以50～60升、结果幼树以30～40升为宜。为防止落果和裂果，还可分2次灌入。升温较晚和促晚熟的温室和大棚，由于通风量大，灌水时间和灌水量可适当提前和增加。

④采前水：采收前10～15天是大樱桃果实膨大最快的时期，这一时期缺水，影响果个增大，严重的还会引起果实软化，导致产量降低。但是，如果水量过大不仅会引起裂果，还会降低果实品质，因此水量应与催果水相同。

⑤采后水：果实采收后，为尽快恢复树势，保证花芽分化的顺利进行，水量以灌透为宜。

（2）灌水方法　灌水方法较露地要更为科学，关系到棚内湿度和坐果率以及果实品质。

①漫灌：是在树盘两侧做挡水埂，水在树盘内流过的灌水方法，萌芽前和采收后可采取这种方法灌水。

②沟灌或坑灌：是催果水和采前水的最佳灌水方法，即在树盘上挖环状沟或圆形坑，深 20 厘米进行灌水，待水渗下后覆土（图 5-5）。此种灌水方法是杜绝落果和裂果的最佳方法，因水分缓慢渗透到土壤中，根系吸收均衡，就不会引起落果和裂果。

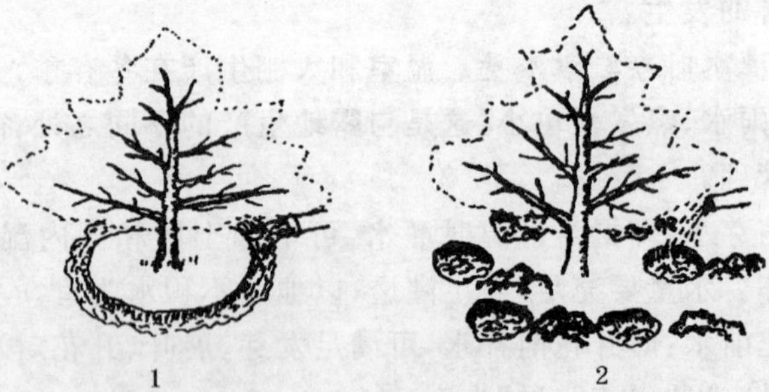

图 5-5　沟灌和坑灌

1. 沟灌　2. 坑灌

③畦灌：是树盘漫灌的另一种方法，在树盘中间做埂，将树盘分为两半。每次灌树盘的一侧，交替灌水。此法也是杜绝落果和裂果的灌水方法之一。

④滴灌：滴灌需在园内安装滴灌设施，将灌溉水通过树下穿行的低压塑料管道送到滴头，由滴头形成水滴或细水流，缓慢地渗透到树根部。滴灌可保持土壤均匀湿润，是杜绝落果和裂果的最佳方法之一，同时又可防止根部病害的蔓延，也是节约用水的好方法。

（3）雨季排水　温室和大棚揭膜后进入露地管理期间，防涝也是一项不可忽视的工作，树盘上积水易涝，但是，有时虽然地面没有积水，而土壤相对含水量长时间超过 80%以上时，也会造成涝害。因此，要求除了在建棚时避开低洼易涝和排水不畅的地段外，要在行间和温室前底脚或大棚四周修排水沟。

在行间和前底脚或四周挖深 40～50 厘米、宽 30 厘米的沟，行间沟要与前底脚水沟或四周围的沟相通，在雨季来临之前，要及时疏通排水沟，以便及时排除积水。

(五)采收后树体管理

温室和大棚栽培大樱桃，采收后管理重点是通风锻炼、适时撤除覆盖，以适应外界环境条件，防止叶片损伤和老化，及时防治叶斑病和二斑叶螨，防止提早落叶和采后开花。

1. 通风锻炼 温室和大棚促早熟栽培大樱桃，一般在 3 月下旬开始采收，至 5 月上中旬已全部采收完毕。此时，外界气温与棚内气温相差还比较大，尤其是北方地区，加之此时大樱桃树体还处在花芽分化阶段，还需要适宜的温度调控。此时外界温度如果还很低就撤膜，树体不能适应外界环境条件，会影响花芽分化，也易造成树体和叶片的伤害。因此，必须在外界温度与棚内樱桃树体生长温度基本一致前进行通风锻炼，锻炼 15～20 天后再撤棚膜，撤棚膜时外界温度旬平均应不低于 15℃，选择无风多云天气时撤膜最好，此期间通风锻炼的时间不可少于 15 天。

通风锻炼方法是将正脊固膜杆或绑线松开，两侧山墙的固膜物不动，使棚膜逐渐下滑，或同时将底角棚膜往上揭。每 2～3 天揭开 1 米左右。如果遇到降温天气时，将棚膜放下，回暖时再扒回原位。

2. 防病虫危害 撤膜后进入露地期间，重点防治叶斑病和二斑叶螨，防止叶片受害而提早落叶。

3. 适时灌排水 适时灌排水，防止过于干旱或渍水，造成采后开花或其他灾害。

第六章　整形修剪

对大樱桃树进行整形修剪，是为了培养良好的树体骨架，调控树体生长与结果、衰老与更新之间的关系，调控树体生长与环境影响的关系，维持健壮的树势，以达到早结果、早丰产、连年丰产的栽培目的。

目前，在生产栽培的大樱桃品种中，多数品种的幼龄期树势偏旺，若任其自然生长，会出现枝条直立、竞争枝多、徒长枝多、梢头分枝多，使树形紊乱，进入结果期晚，甚至表现出5年生以上的树很少结果或不结果现象。若进入结果期以后放弃整形修剪，或整形修剪技术不到位，会导致主枝背上或主干上的徒长枝和竞争枝多，形成偏冠树、掐脖树、双头树；或外围延长枝上翘，形成抱头树；或上部强旺，形成伞状树等，使下部光照不足而衰弱。出现这些状况后，会造成产量和果实品质的大幅度下降。

因此，对樱桃树进行整形修剪，是樱桃园综合管理中很重要、很关键的一项技术措施，是在土、肥、水等综合管理的基础上，调控树体生长与结果的关系，使树体的营养生长与生殖生长保持平衡。幼树期整形修剪是促进幼树迅速增加枝量、扩大树冠、枝条分布和层间距安排合理，以达到提早结果的目的。结果期整形修剪是促使结果树的枝量达到一定的范围，结果枝组配置合理，以达到连年丰产、优质，而且树体不早衰，经济寿命长的目的。

一、与整形修剪相关的生物学特性

不同的大樱桃品种、不同的生长时期，都有其自身的发育特点，要想使大樱桃树的整形修剪达到预期理想的效果，必须认识芽和枝条的种类，了解和掌握与整形修剪有关的生长发育特性以及反应规律。

(一)大樱桃树体各部类型与相关特性

1. 芽的类型与特性　大樱桃树的芽，按其性质主要分为叶芽和花芽两大类型，按其着生部位还可分为顶芽和侧芽两大类型。芽是枝、叶、花的原始体，所有的枝、叶和花都是由芽发育而成的，所以芽是树体生长、结果以及更新复壮的重要器官。

(1)叶芽　萌芽后只抽生枝叶的芽称为叶芽。叶芽着生在枝条的顶端或侧面。叶芽是抽生枝条、扩大树冠的基础。叶芽较瘦长，多为圆锥形。叶芽按着生的部位不同，分为顶叶芽和侧叶芽。

①顶叶芽：顶叶芽着生在各类枝条的顶部，其形态特性有区别。发育枝的顶叶芽大而粗，顶部圆而平，其作用是抽生枝梢，形成新的侧芽和顶芽。长果枝的顶叶芽较圆，一般大于花芽，其作用是抽生结果枝、花芽和叶芽。短果枝和花束状果枝上的顶叶芽较瘦小，多数小于花芽，其作用是展叶后形成花芽和新的顶芽。

②侧叶芽(腋叶芽)：顶叶芽以下的叶芽统称为侧叶芽或腋叶芽。发育枝上，除了顶叶芽之外，其余的芽都为侧叶芽。混合枝、长果枝和中果枝的中上部的侧芽都是叶芽。在短果枝和花束状果枝上，一般很少有侧叶芽形成。离顶叶芽越近的侧叶芽越饱满，离顶叶芽越远的侧叶芽饱满的程度越差。

叶芽具有早熟性。有的在形成当年即能萌发，使枝条在一年中有多次生长，特别是在幼旺树上，易抽生副梢，根据这个特性，可采取人工摘心措施，使之增加分枝扩大树冠。叶芽还具有潜伏性。发育枝基部的极小的侧叶芽，由于这种芽的发育质量差，较瘪瘦，在形成的当年或几年都不易萌发抽枝，而呈潜伏状态被称为潜伏芽，潜伏芽寿命长，当营养条件改善，或受到刺激时即能萌发抽枝，这种特性成为枝条更新、延长树体寿命的宝贵特性。

(2)花芽　芽内含有花原基的芽称为花芽。大樱桃的花芽除主要着生在花束状果枝、短果枝和中果枝上之外，混合枝和长果枝的基部的5～8个芽，也是花芽。着生在混合枝、长果枝以及中果枝基部的花芽，还被称为腋花芽。

大樱桃的花芽为纯花芽，花芽无论着生在哪个部位，其开花结果后，其原处都不会再形成花芽和抽生新梢，呈现光秃状。在修剪时必须辨认清花芽和叶芽，剪截部位的剪口下必须留在叶芽上(图6-1)。

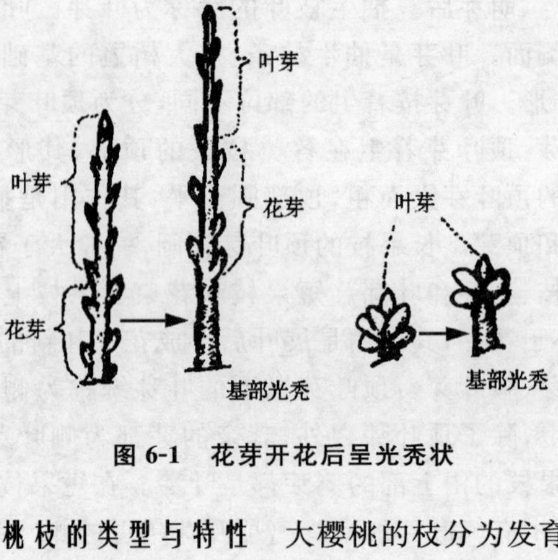

图 6-1　花芽开花后呈光秃状

2. 大樱桃枝的类型与特性　大樱桃的枝分为发育枝和结果枝两大类。

(1)发育枝　仅具有叶芽的1年生枝条称为发育枝，也称营养枝或生长枝。发育枝萌芽以后抽枝展叶，是形成骨干枝、扩大树冠的基础。不同树龄和不同树势上的发育枝，抽生发育枝的能力不同。幼树和生长势旺盛的树，抽生发育枝的能力较强，进入盛果期和树势较弱的树，抽生发育枝的能力越来越小。

(2)结果枝　着生有花芽的枝条都称为结果枝。按其特性和枝条的长短不同可分为混合枝、长果枝、中果枝、短果枝和花束状果枝(图 6-2)。

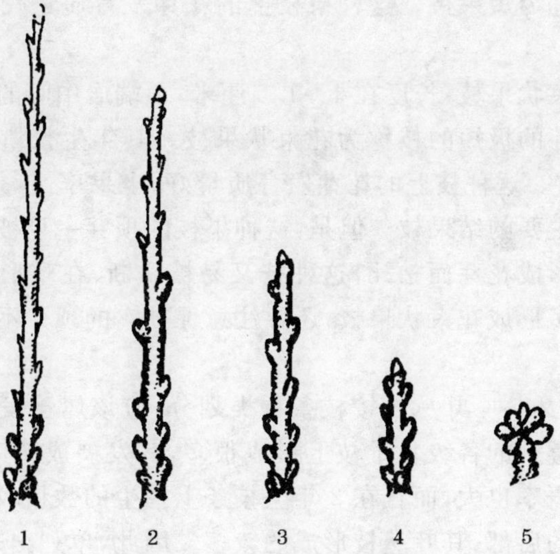

图 6-2　结果枝类型

1. 混合枝　2. 长果枝　3. 中果枝　4. 短果枝　5. 花束状果枝

①混合枝：长度在 20 厘米以上，顶芽及中上部的侧芽全部为叶芽，只有基部的几个侧芽为花芽的枝条，称为混合枝。这种枝条既能抽枝长叶，又能开花结果，是初、盛果期树扩大树冠、形成新果枝的主要果枝类型。混合枝上的花芽往往发育质量差，坐果率低。

②长果枝：长度在 15～20 厘米，顶芽及中上部的侧芽为叶芽，其余为花芽的枝条称为长果枝。这种枝条结果后下部光秃，只有

中上部的芽继续抽生枝条，这种果枝在幼树和初结果树上较多，坐果率也较低。

③中果枝：长度在10厘米左右，顶芽及先端的几个侧芽为叶芽外，其余的均为花芽的枝条称为中果枝，这种枝形成的数量不多，不是主要的结果枝类型。

④短果枝：长度在5厘米左右，除顶芽为叶芽外，其余均为花芽的枝条称为短果枝。这种果枝上的花芽发育质量较好，坐果率也高。

⑤花束状果枝：长度在1～1.5厘米，顶端居中间的芽为叶芽，其余为花芽的极短的枝称为花束状果枝。其年生长量极小，只有1厘米左右。这种枝上的花芽发育质量好，坐果率高，是提高大樱桃产量最主要的结果枝。但是，这种果枝的顶芽一旦被破坏，就不会抽枝再形成花芽而枯死，这种枝又易被碰断，在整形修剪时，不但要促使多形成花束状果枝，还要注意保护它的顶芽不受伤害，更不能碰断。

(3)叶丛枝　叶丛枝按枝条种类划分，应该属于发育枝类，但此枝条在樱桃的各级骨干枝上形成很多，其发展成花束状果枝或短果枝的概率也大，而且在2年生枝条上抽生的数量较大，尤其是缓放枝条的后部，其叶丛枝形成的较多。因此，单列出来以引起重视和培养。

叶丛枝是枝条中后部的叶芽萌发后，遇到营养供应不足时，停止生长所形成的枝，长度在1厘米左右或不足1厘米，仅有1个顶芽的枝称为叶丛枝，也称单芽枝。这种枝在营养条件改善时，可转化为花束状结果枝，如果营养条件不改善，则仍为叶丛枝。如果处在顶端优势的位置上，或受到刺激时，还会抽生发育枝(图6-3)。

3. 大樱桃树体类型与特性　大樱桃的树体类型，分为乔化型和矮化型2种。乔化树耐轻剪缓放，适宜稀植栽培，但也可以通过整形修剪或化控等措施进行密植栽培。矮化树宜重剪，适宜密植

图 6-3　叶 丛 枝

1. 枝条基部的叶丛枝　2. 叶丛枝的转化

栽培，更适宜温室和大棚栽植。矮化树轻剪缓放过重时，易成小老树，过早进入衰老期。

(1)乔化型树　乔化型的树是利用乔化砧木(山樱桃、马哈利等)作基砧嫁接繁殖而成。乔化型大樱桃，其树体高大，生长势旺，顶端优势强，干性强，层性明显，树高一般可达 5～7 米，冠径可达 5～6 米，进入结果期较晚，正常管理条件下，4～5 年开始结果，7～8 年才进入盛果期。乔化树对修剪反应敏感，剪后抽生的中长枝多、短枝少，但是轻剪缓放后，抽生的中短枝多、长枝少。乔化树易更新复壮。

(2)矮化型树　其基砧或中间砧是利用具有矮化特性的砧木(吉塞拉、ZY-1 等)嫁接繁殖而成，其树体矮小，生长势中庸，树高和冠径一般在 2～4 米，进入结果期较早，正常管理条件下，2～3 年开始结果，4～5 年进入盛果期。矮化树对修剪反应不太敏感，剪后中短枝多、长枝少。如果轻剪缓放的枝条越多，树体衰弱越快，如果整体上发生严重衰弱时，其更新复壮要比乔化树难得多。

4. 大樱桃树冠与根系特性　通常条件下，地上部枝叶生长与地下部根系生长是处在相对平衡的状态，但是，如果对地上部的枝条修剪量过大时，其根部所吸收的水分和营养就会造成地上部的树势偏旺，如果对地下部断根多，其吸收量就相对减少，会造成树势衰弱。据此，应适量修剪。而对于移栽树，由于断根多，就需要加大修剪量，对地上树冠采取疏、缩或重短截等措施，使地上部的树冠和地下部的根系生长保持平衡状态。

5. 其他特性与整形修剪的关系

(1)芽的异质性　位于同一枝上不同位置的芽，由于发育过程中所处的环境条件不同和内部营养供应不同，造成芽质量有差异的特性，称为芽的异质性。芽的质量对其发出枝条的生长势有很大的影响，芽的质量常用芽的饱满程度表示，即饱满芽、次饱满芽和瘪芽，在春、秋梢交界处还会出现盲节(图 6-4)，修剪时可根据剪口芽的质量差异，增强或缓和枝势，达到调节枝梢生长势的目的。

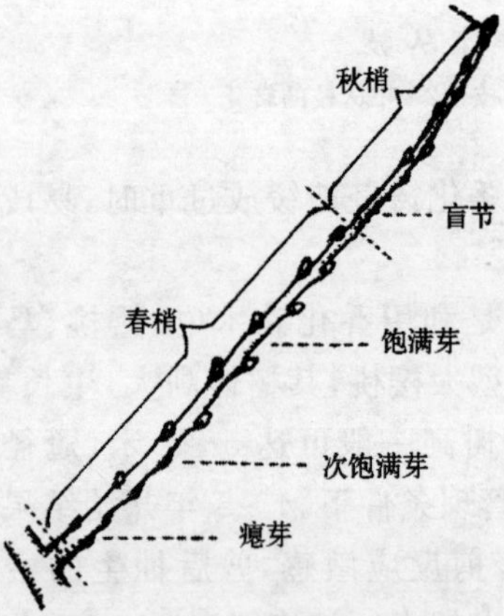

图 6-4　芽的异质性

(2)顶端优势　在一个枝条上，处于顶端位置的芽其萌发力和成枝力均强于下部芽，且向下依次递减，这一现象称顶端优势。枝条越直立顶端优势越明显。在整形修剪时，注意所留枝条处在的位置，调控枝条的生长，达到不同的整形修剪目的。如为了使树体生长转旺，可多留直立枝、背上枝，或剪口下留饱满芽剪截，或抬高弱枝的枝角来增强生长势。如果为了缓和树势、提早结果，可多留水平枝和下垂枝，或开张旺枝枝角来削弱其生长势，促发中短果枝形成。拉枝时还要注意不要将枝条拉成弓形，拉平部位也不要过高。

由于顶端优势的作用，1 年生枝条的顶部均易抽生多个发育枝，形成三杈枝、五杈枝等，如果不是为了增加枝量，放任其生长，就会无谓消耗大量营养，抑制下部抽生果枝。因此，削弱顶端优势或利用顶端优势是整形修剪中不可忽视的。

(3)*层性*　由于顶端优势的作用，新萌发的枝多集中于顶部，构成一年一层向上生长，形成层次分布，上部萌生强枝，中下部萌生中短枝，基部芽不萌发成潜伏芽，这种现象在多年生长后就形成了层性，在整形修剪中可利用层性人工培养分层的树形，或利用层性的强弱确定树形，延长枝剪留得越长，层间距越大，反之层间距越小。

(4)*萌芽力和成枝力*　发育枝上的芽，能够萌发的能力称为萌芽力。发育枝上的芽，能够抽生长枝的能力称为成枝力。萌芽力与成枝力的强弱，是确定不同整形修剪方法的重要依据之一。枝条上萌动的芽多，没萌动的芽少，称为萌芽力高，反之称为萌芽力低。枝条上抽生的长枝多，称为成枝力高，抽生的长枝少，称为成枝力低。萌芽力与成枝力是品种生长特性，是修剪技术的依据之一，萌芽力与成枝力的高低还与修剪强度有关。

修剪时要根据不同品种、不同枝条其萌芽力与成枝力高低不同的特性，确定修剪方法，对成枝力较强的品种和枝条，要多缓放、促控结合，促进花芽形成。对成枝力较弱的品种和枝条，要适量短截、促发长枝，增加枝量。

(5)*枝角*　枝的角度对枝的生长影响很大，保持一定的角度不仅可以充分利用空间，而且可以使顶端优势和背上优势相互转化。角度小时，背上优势弱，顶端优势强；角度大时，顶端优势弱，背上优势强。枝角小，枝条易生长过旺，成花难，还易形成“夹皮枝”，夹皮枝在拉枝、撑枝、坠枝时容易从分枝点劈裂，或受伤引起流胶。

6. 栽培条件与整形修剪的关系　栽植密度小的果园，宜采用大冠型整形，栽植密度大的果园，宜采用小冠型整形。立地条件差的果园，其树体生长不会强旺，宜采用低干、小冠型整形，并注意复壮。相反，宜采用中大型树冠整形。

（二）树体结构

大樱桃树体由地下和地上两部分组成，地下部分统称为根系，地上部分统称为树冠。树冠中各种骨干枝和结果枝组在空间上分布排列的情况称为树体结构（图 6-5）。

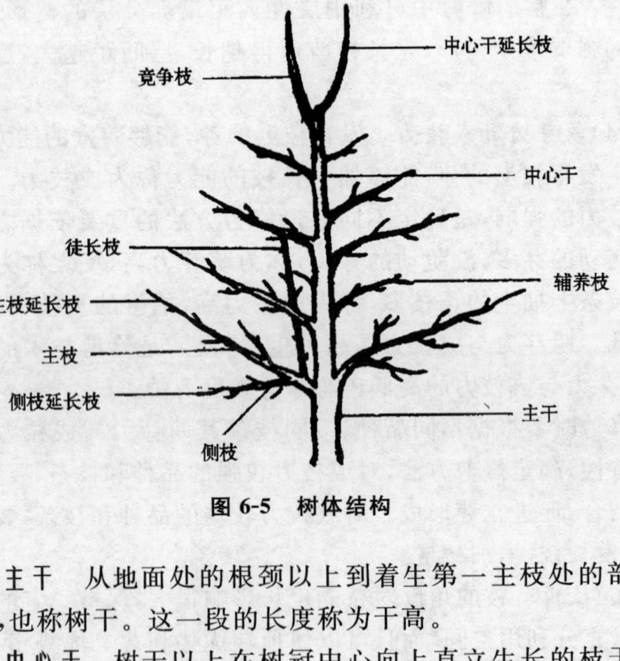

图 6-5　树体结构

1. 主干　从地面处的根颈以上到着生第一主枝处的部位称为主干，也称树干。这一段的长度称为干高。

2. 中心干　树干以上在树冠中心向上直立生长的枝干称为

中心干，也称中心领导干。中心干的长短决定树冠的高低。

3. 主枝 着生在中心干上的大枝称为主枝，是树冠的主要骨架。主枝与中心干在大小上有互相制约的关系，中心干强大时，主枝细小，中心干弱小时主枝强大。

4. 侧枝 着生在主枝上的分枝称为侧枝，通常将距中心干最近的分枝称第一侧枝，以此向外称第二、第三侧枝等。主干、中心干、主枝和侧枝构成树形骨架，被称为骨干枝。骨干枝是在树冠中起骨架负载作用的粗大定型枝。

5. 辅养枝 着生在主干、主枝间作为临时补充空间用的，并用来辅养树体、增加产量的枝称为辅养枝。

6. 延长枝 各级枝的带头枝称为延长枝。延长枝具有引导各级枝发展方向和稳定生长势的作用。用不同部位的枝作延长枝，其角度反应不同，用背下枝作延长枝，其角度同于母枝。用背上枝作延长枝则角度直立。

7. 竞争枝和徒长枝 在剪口下的第二芽萌发后，比第一芽生长势旺，或生长势与第一芽差不多的枝条，称为竞争枝，或以主枝与中心干的粗度比、侧枝与主枝的粗度比来衡量定性，主枝与中心干、侧枝与主枝的粗度比超过0.5～0.6∶1的枝，都称为竞争枝。竞争枝生长势强，常扰乱树形，需加以抑制或早期短截、疏除。

由潜伏芽萌发出的、长势强旺的枝条称为徒长枝，这类枝条多处在背上直立处，或枝干基部、剪锯口处，这类枝条消耗营养多，利用价值低。

8. 结果枝和结果枝组 着生在骨干枝上有花芽的单个枝条称为结果枝。着生在骨干枝上，具有2个以上结果枝构成的枝组称为结果枝组，由此可见，结果枝组是由枝轴和若干个结果枝组成，是大樱桃树的主要结果部位，在幼树期和初结果期，能够培养出较多的结果枝和结果枝组，使树冠丰满，是为早结果、早丰产奠定基础。盛果期以后，管理好结果枝组不旺也不衰，是获得连年丰产的基础。

另外，在主、侧枝上着生的发育枝和结果枝，按其着生部位可分为背上枝、背下枝和侧生枝，了解其特性对其的培养和取舍很重要。着生在主、侧枝背上的枝称为背上枝；着生在主、侧枝背下的枝称为背下枝。背上枝一般较直立，生长势较旺，常发育成竞争枝和徒长枝，需经过摘心、拿枝等措施才能利用；背下枝长势弱、结果早，但寿命短，表现细弱后常被疏除。着生在主、侧枝侧面的枝，称为侧生枝，因其角度倾斜，所以也称为斜生枝。侧生枝长势中庸，结果早，利用价值高。

二、整形修剪的基本原则、时期与方法

（一）整形修剪的基本原则

1. 因树修剪，随枝做形　根据品种的生物学特性、树体不同发育时期及树势等具体情况，来确定应该采取的修剪方法和修剪程度。

2. 统筹兼顾，合理安排　根据栽植密度建造合理的树体骨架，做到有形不死，无形不乱，灵活掌握。对个别植株或枝条要个别灵活处理，建造一个符合丰产稳产的树体结构，做到主从分明，条理清楚，整形跟着结果走，既不影响早期产量，又要建造丰产树形，使整形与结果两不误。

3. 轻剪为主，轻重结合　根据具体情况修剪，以轻剪为主，轻中有重，重中有轻，轻重结合，达到长期壮树、高产优质的目的。

4. 开张角度，促进成花　本着疏直立留斜生、疏强旺留中庸、抹去剪口下第二至第五叶芽和顶叶芽周围的轮生芽，生长季随时进行抹芽、摘心、拿枝等管理原则，消除竞争枝或多余无用枝，开张骨干枝的角度，促进花芽形成，使树体生长势中庸，以利于丰产

稳产。

(二)整形修剪的时期

大樱桃的整形修剪时期分为生长期和休眠期 2 个时期。

1. 生长期整形修剪 生长期整形修剪的时期是指从萌芽至树体停长落叶前，最适宜的时间应该是在萌芽开始至夏末结束，过晚伤口易流胶，也影响伤口完全愈合，对促进花芽分化更是无效的。生长期的适时整形修剪，能及时消除新梢的无效生长，可以及时调整骨干枝的角度，增加分枝量，使树体早成形、早成花，还可以减轻休眠期修剪对树体的伤害，以及减轻休眠期修剪的压力。

2. 休眠期整形修剪 休眠期整形修剪的时期是指从落叶后至萌芽前，最适宜的时间是在进入春季开始至萌芽初，过早伤口易干枯，秋季和冬季修剪易发生冻害和抽条。

(三)整形修剪的主要方法

对大樱桃整形修剪的主要方法有拉枝、缓放、短截、疏枝、回缩、摘心、拿枝、刻芽和除萌等。其中拉枝、摘心、拿枝、剪梢和除萌等是生长期修剪的主要方法。缓放、短截、疏枝和回缩等是休眠期修剪的主要方法。

1. 拉枝 将枝拉成一定的角度或改变方位称拉枝。拉枝法主要用在直立枝、角度小的枝和生长势较旺的、下垂的主枝或侧枝上。拉枝的手段主要有绳拉、木棍撑、石头坠等(图 6-6)。

拉枝前应先对被拉的枝进行拿枝，使枝软化后再拉枝，以防止折断。角度小的粗大枝在拉枝时易劈裂，所以在拉角度小、粗大枝时应在其基部的背下连锯 3～5 锯，伤口深达木质部的 1/2～2/3 处后再拉，拉时要将伤口合严实(图 6-7)。

拉枝的时期宜在萌芽期。萌芽前拉枝易抽生大量的背上枝，

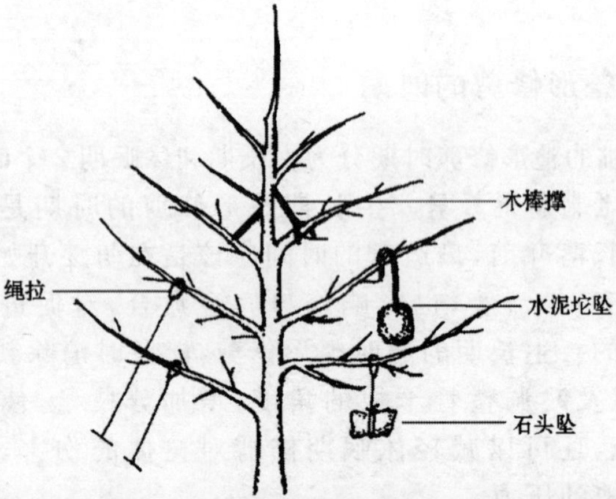

图 6-6　拉枝方法

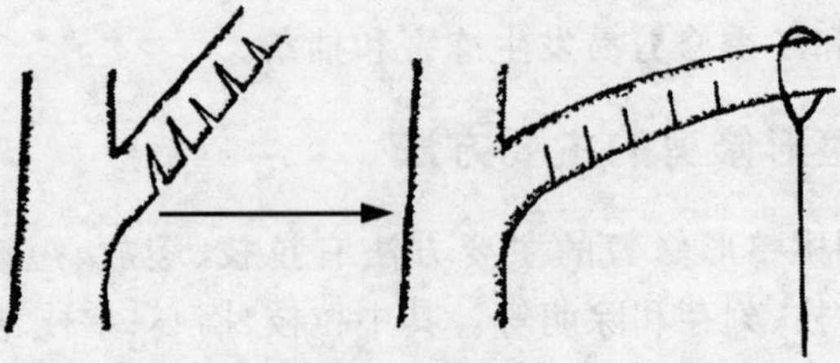

图 6-7　连 锯 法

由于枝干较脆硬，粗大枝还易劈裂。生长后期拉枝，其受伤部位易发生流胶病，在越冬时还易发生冻害。

对 1 年生枝条进行拉枝时，必须与刻芽、抹芽等措施相结合，方能抽生较多的中短枝条，前后生长势才能均衡。如果只拉不刻芽、不抹背上芽、不去顶芽，则背上直立枝多，前部旺后部弱，中短枝少。

2. 缓放　对 1 年生枝条不进行剪截，或只剪除顶芽和顶部的几个轮生芽，任其自然生长的方法称为缓放，也称长放或甩放(图 6-8)。

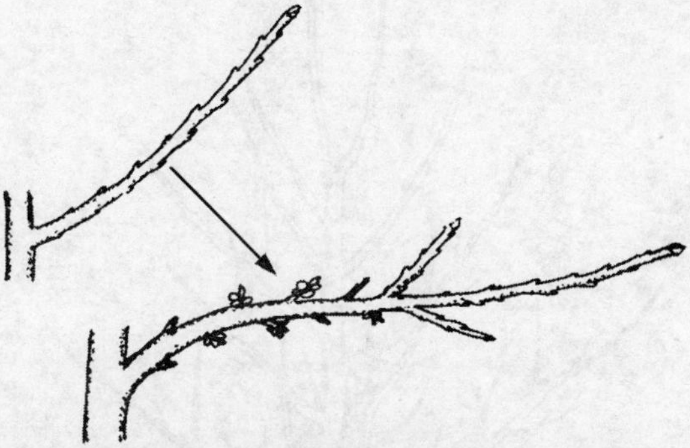

图 6-8　缓　放

缓放能减缓新梢生长势、增加短枝和花束状果枝的数量,有利于花芽的形成,是幼树和初结果期树常用的修剪方法。缓放的枝条应与拉枝、刻芽、疏枝等措施相结合应用,以利于花芽的形成和减少发育枝的数量,效果才会显著。

3. 疏枝　将 1 年生枝从基部剪除,或将多年生枝从基部锯除称为疏枝。疏枝主要用于疏除竞争枝、徒长枝、重叠枝、交叉枝、多余枝等(图 6-9)。疏枝后有利于改善冠内通风透光条件,平衡树势,减少养分消耗,促进后部枝组的生长势和花芽发育。

4. 短截　将 1 年生枝条剪去一部分,留下一部分称为短截,也称剪截。短截是樱桃整形修剪中应用最多的一种方法,根据短截的程度不同,可分为轻短截、中短截、重短截和极重短截 4 种(图 6-10)。

(1)轻短截　剪去枝条全长的 1/3 或 1/4 称为轻短截。轻短截有利于削弱枝条顶端优势,提高萌芽力,降低成枝力。轻短截后形成中短枝多,长枝少,易形成花芽。

(2)中短截　剪去枝条全长的 1/2 左右称为中短截。中短截有利于维持顶端优势,中短截后形成中长枝多,但形成花芽少。幼

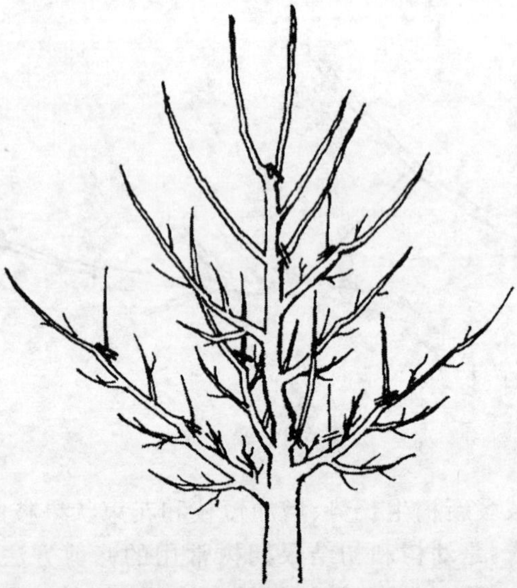

图 6-9 疏 枝

树期对中心干延长枝和各主侧枝的延长枝，多采用中短截措施来扩大树冠。

(3)重短截 剪去枝条全长的 2/3 左右称为重短截。重短截抽枝数量少，发枝能力强。在幼树期为平衡树势常用重短截措施，对背上枝尽量不用重短截措施。如果用重短截培养结果枝组时，翌年要对重短截后发出的新梢，进行回缩，培养成小型结果枝组。

④极重短截：剪去枝条的大部分，约剪去枝条全长的3/4～4/5，只留基部 4～6 个芽称为极重短截。常用于分枝角度小、直立生长和竞争枝的剪截。极重短截后由于留下的芽大多是不饱满芽和瘪芽，抽生的枝生长势弱，常常只发 1～2 个枝，有时也不发枝。

5. 回缩 将 2 年生以上的枝剪除或锯除一部分称为回缩(图

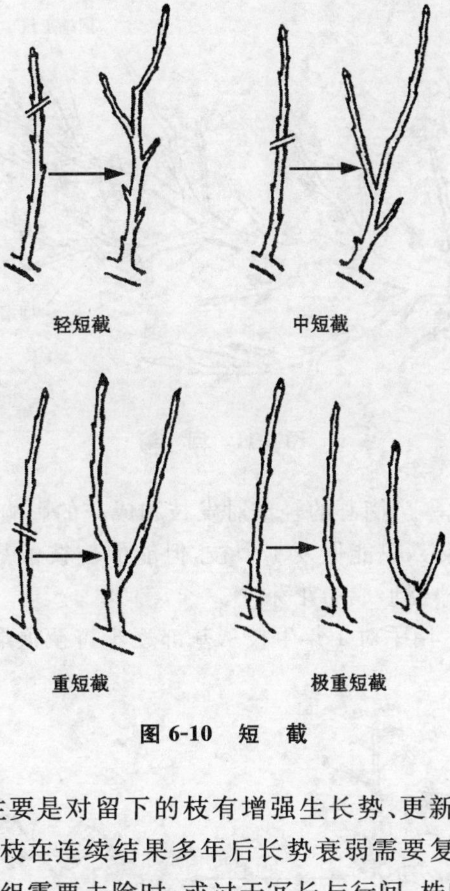

图 6-10 短 截

6-11)。回缩主要是对留下的枝有增强生长势、更新复壮的作用,主要用于骨干枝在连续结果多年后长势衰弱需要复壮时;或下垂的衰弱结果枝组需要去除时;或过于冗长与行间、株间形成交叉的枝组,需要改善通风透光条件,也方便作业。

6. 摘心 对当年生新梢,在木质化之前,用手摘除新梢先端部分称为摘心。木质化后用剪子剪除新梢先端部分称剪梢。摘心和剪梢是大樱桃生长季节整形修剪作业中应用最多的方法之一。对幼树上的当年生延长枝的新梢摘心,目的是促发分枝,扩大树冠(图 6-12)。对结果树上的新梢摘心,能延缓枝条生长,提高坐果

图 6-11　回　缩

率和花芽分化率。摘心的轻重对发枝和成花的影响不同，轻摘心，包括连续轻摘心，只能促发 1 个枝，但能促使枝条基部形成花芽。重摘心发枝多，但形成的花芽少。

7. 拿枝　用手对 1 年生枝从基部逐步捋至顶端，伤及木质部

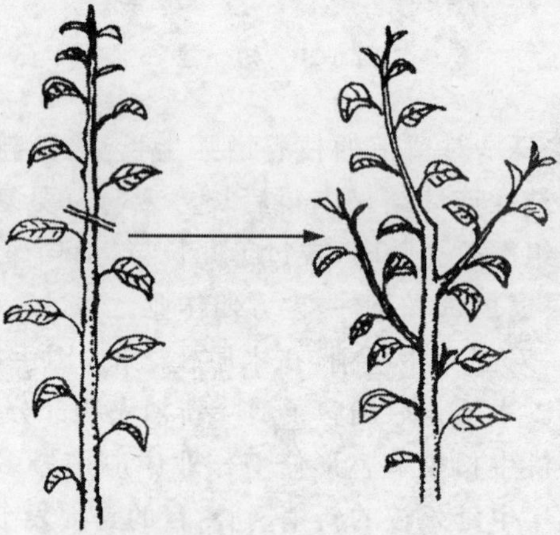

图 6-12　摘　心

而不折断的方法称为拿枝。拿枝的作用是缓和旺枝的生长势，调整枝条方位和角度，又能促进成花，是生长期对直立的、生长势较旺的枝条应用的一种方法（图 6-13）。拿枝后可结合使用开角器来稳固拿枝效果。

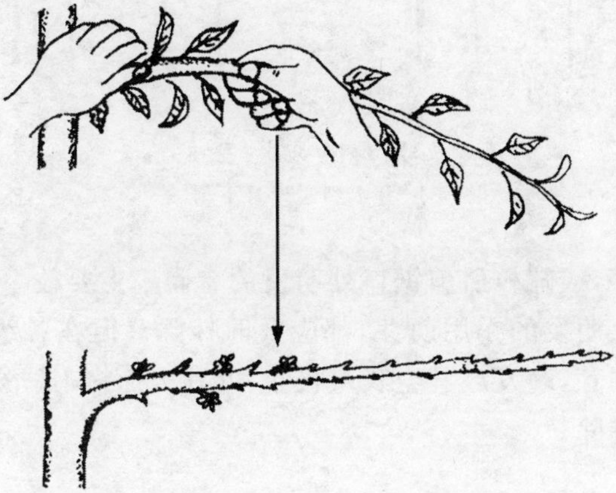

图 6-13　拿　枝

8. 刻芽　刻芽也称目伤，即在芽的上方或下方用小刀或小锯条横划一道，深达木质部的方法称为刻芽。刻芽的作用是提高侧叶芽的萌发质量。刻芽时间多在萌芽初，在芽顶变绿尚没萌发时进行。秋季和早春，芽没萌动之前不能刻伤，以免引起流胶。

在芽的上方刻伤，有促进芽萌发抽枝的作用。在芽的下方刻伤，有抑制芽萌发生长的作用（图 6-14）。刻芽作为促进和抑制芽生长的一项技术，主要用于枝条不易抽枝的部位和拉枝后易萌发强旺枝的背上芽，以及不易萌发抽枝的两侧芽。

9. 抹芽　在生长期及时抹去无用的萌芽称为抹芽，也称除萌。抹芽的作用是减少养分的无谓消耗，防止无效生长，集中营养用于有效生长。先应抹除苗木定干后留作主枝以外的萌芽，以后每年生长期注意及时抹除主、侧枝背上萌发的直立生长的或向内

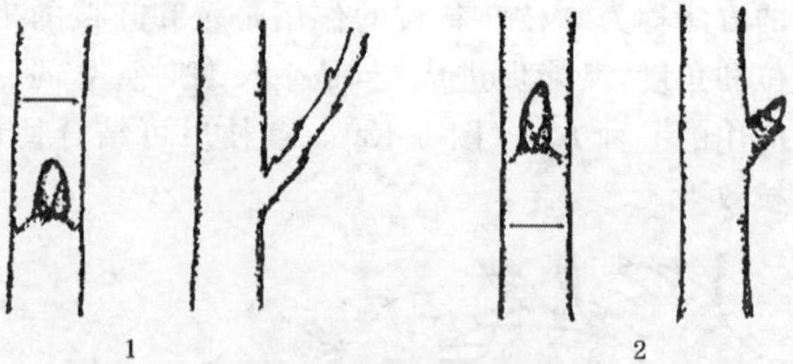

图 6-14　刻　芽

1. 芽上刻　2. 芽下刻

生长的萌芽,或疏枝后剪锯口处萌发的有碍于主要枝生长的萌芽,以及主干上萌发的无用萌芽,都应及时抹除。但在各级骨干枝后部(基部)的芽,萌发后其生长量极小,叶片大而多,常形成叶丛枝,注意不要抹除。

三、主要树形及其整形修剪技术

(一)主要树形与整形方法

1. 自然开心形

(1)树形　自然开心形有主干,干高 30～50 厘米,无中心干,树高 2.5～3 米。全树有主枝 3～5 个,向四周均匀分布。每主枝上有侧枝 6～7 个,主枝在主干上呈 35°～45°角倾斜延伸,侧枝在主枝上呈 50°角延伸。在各主、侧枝上配备结果枝组,整个树冠呈圆形(图 6-15)。自然开心形整形容易,修剪量轻,树冠开张,冠内光照好,适于稀植栽培,但此种树形在露地雨后遇大风易倒伏。

(2)整形方法　选用高度在 80 厘米以上的健壮苗木栽植。栽

图 6-15　自然开心形

后在距地面 50～60 厘米处定干，上部留 15～20 厘米作整形带，在整形带内选择方位不同的 3～5 个饱满芽，进行芽上刻伤。萌芽后抹除整形带以下的萌芽，在整形带内选留 3～5 个向外侧生长、生长势大致一致的分枝作主枝，其余萌芽抹除。

当年生长期当各主枝长至 50～60 厘米时，留外芽摘除先端 1/3，促发 2～3 个分枝，对各主枝选居中间的外侧枝作扩大树冠的延长枝，两侧斜生枝作侧枝，注意及时抹除内侧直立梢。

第二年萌芽初将各主枝拉枝开角至 30°～50°，各主枝的延长枝留 40～50 厘米短截，剪口芽留外芽。各侧枝留外芽剪除顶芽或成熟度不好的梢头，剪口芽留外芽。生长期的夏季，当各主枝延长枝长至 50～60 厘米时，再次留外芽摘除先端 1/3，并对各侧枝轻摘心。

第三年萌芽初对各主侧枝延长枝留外芽短截，直立枝和徒长枝疏除。生长期当各主枝延长枝长至 50～60 厘米时，再次留外芽摘除先端1/3，并对各侧枝轻摘心，促花芽形成。

经3年的培养，主、侧枝基本成形，可停止短截和摘心，进行缓放或轻短截。

2. 主干疏层形

（1）树形　主干疏层形有主干和中心干。主干高50～60厘米，树高2.5～3米。全树有主枝6～8个，分3～4层，第一层有主枝3～4个，主枝角度为60°～70°，每一主枝上着生4～6个侧枝。第二层有主枝2～3个，角度为45°～50°，每一主枝上着生2～3个侧枝。层间距为70～80厘米。第三层和第四层，每层有主枝1～2个，主枝角度30°～45°，每主枝上着生侧枝1～2个，层间距50～60厘米。在各主、侧枝上配备结果枝组（图6-16）。主干疏层形修剪量大，整形修剪技术要求高，成形慢，但进入结果期后，树势和结果部位比较稳定，坐果均匀，适于稀植栽培。

图6-16　主干疏层形

(2)**整形方法** 选用高度在80厘米以上的健壮苗木栽植，栽后在距地面60～70厘米处定干，保留20厘米的整形带，在整形带内选择方位不同的4～5个饱满芽，进行芽上刻伤。萌芽后抹除多余萌芽和整形带以下的萌芽。

当年生长期选择4个生长势大致一致的新梢作主枝，疏除竞争枝，将位置最高的一个枝作中心干延长枝，其余三主枝作第一层主枝培养，三主枝在主干上方位分布均匀，并将主枝拿枝开角(牙签支或夹子坠)呈60°～70°。

第二年萌芽初将中心干留60～70厘米短截，培养第二层主枝，并将第一层3个主枝留50～60厘米短截，剪口留外芽，还要注重对主枝上的侧芽进行芽前刻伤，促发侧枝形成，并将角度不好的主枝进行拉枝。生长期对第二层主枝进行拿枝开角，摘除梢头多余分枝，并对中心延长梢摘心，促发第三层主枝。对第一层主枝上的背上新梢进行重摘心或摘除。

第三年萌芽初期，如果计划培养四层主枝，可对中心干留50～60厘米短截，培养第四层主枝，如果只留三层主枝就可将中心干延长枝落头处理。各主枝延长枝继续留外芽短截，同时对主枝上的侧芽进行芽前刻伤，促发侧枝形成，并疏除直立枝和徒长枝等，对第二层主枝进行拉枝，并将第一层主枝的拉枝绳前移。生长期间，对第三、第四层主枝拿枝处理，注意抹除多余萌芽和摘除梢头多余分枝，对生长势过旺的主、侧枝可进行连续轻摘心，培养结果枝，经3年的培养基本可以达到标准的树形。

第四年主要是短截、回缩侧枝，培养结果枝和结果枝组。

3. 改良主干形

(1)**树形** 改良主干形有主干和中心干，主干高30～50厘米，树高2～3米。在中心干上着生10～15个单轴延伸的主枝，可分层或不明显分层，主枝由下而上呈螺旋状分布。下部主枝间距为10～15厘米，向上依次加大至15～20厘米，主枝上无侧枝，直接着生结果枝和结果枝组(图 6-17)。改良主干形树体结构简单，容易培养，冠内光照好，适于密植栽培。

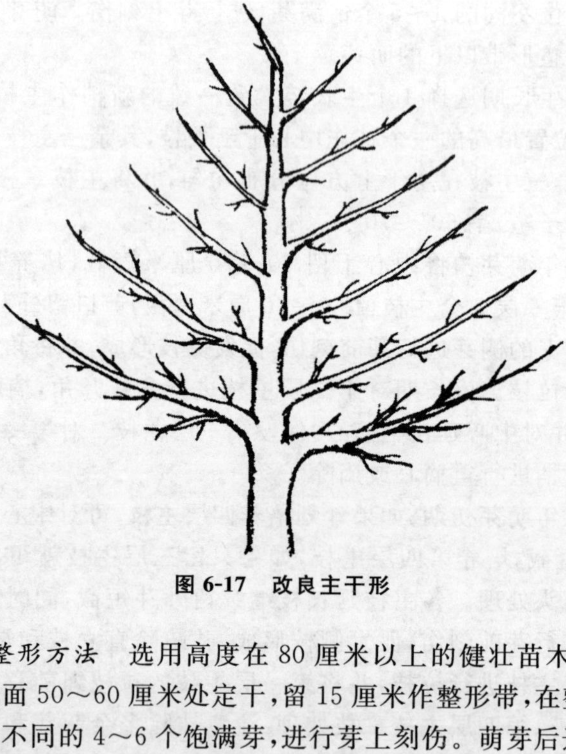

图 6-17　改良主干形

(2)*整形方法*　选用高度在 80 厘米以上的健壮苗木栽植，栽后在距地面 50～60 厘米处定干，留 15 厘米作整形带，在整形带内选择方位不同的 4～6 个饱满芽，进行芽上刻伤。萌芽后选择方位分布均匀、生长势大致一致的 4～6 个新梢培养主枝，其余萌芽一律抹除。

当年生长期选第一新梢保持直立生长，培养中心干，中心干延长枝长至 50～60 厘米时，留 30～40 厘米剪梢，促发 2～3 个分枝。中心干延长梢生长势弱时则不剪梢，其他枝进行拿枝开角，剪口下第二枝如果直立旺长成竞争枝可剪除。

第二年萌芽初对上年培养的下部主枝进行拉枝，不短截，只剪除梢头的几个轮生芽，疏除多余分枝，同时对主枝上的侧芽进行芽前刻伤，促发侧枝形成。中心干延长枝留 30～40 厘米短截。生长期注意剪除主枝上的直立新梢和梢头多余分枝，并将上年培养的上部主枝拿枝开角，中心干延长枝继续摘心，促发分枝。

第三年萌芽初继续拉枝，主枝延长枝留外芽轻短截，疏除徒长枝和直立枝。中心干延长枝留 30～40 厘米短截。生长期的整形修剪同第二年生长期，主要抹除多余萌芽和摘除主枝背上直立新梢、徒长枝等。对主枝上的侧生分枝中度摘心，培养结果枝或结果枝组。

第四年修剪同第三年，主要疏除内膛徒长枝和直立枝，当株间无空间时，可停止短截主枝延长梢，稳定树势，培养结果枝和结果枝组。

4. 细长纺锤形

(1)树形　细长纺锤形与改良主干形相似，有主干和中心干，主干高 40～50 厘米，树高 2～3 米，冠径 1.5～2 米。在中心干上，均匀轮状着生生长势相近、水平生长的 15～20 个小型主枝(也称侧生分枝)，或第一层有三主枝。主枝上不留侧枝，单轴延伸，直接着生结果枝和结果枝组。下部主枝开张角度为 80°～90°，上部为 70°～80°。下部枝略长，上部枝略短，上小下大，全树修长，整个树冠呈细长纺锤形(图 6-18)。细长纺锤形树体结构简单，修剪量轻，枝条级次少，整形容易，成形和结果早，树冠通风透光好，适于密植栽培。

(2)整形方法　选用高度在 100 厘米以上的健壮苗木栽植，栽后在距地面 80～100 厘米处定干，在上部留 40～50 厘米作整形带，在整形带内间隔 8～10 厘米留一轮状分布的饱满芽，并在芽上刻伤。萌芽后培养 4～6 个新梢，抹除多余萌芽。剪口下如有竞争梢可重摘心。

当年生长期当中心干延长梢长至 50～60 厘米时留 30～40 厘米摘心，促发 2～3 个分枝，并对下部主枝拿枝开角。

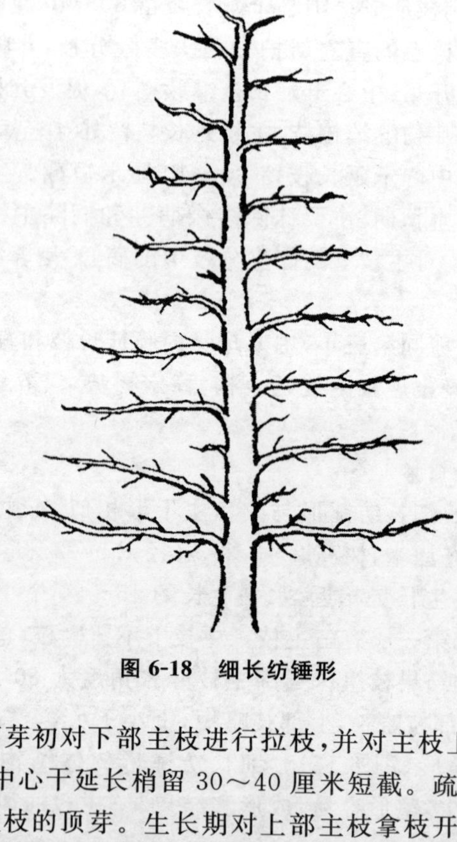

图 6-18　细长纺锤形

第二年萌芽初对下部主枝进行拉枝，并对主枝上的侧生芽进行芽前刻伤，中心干延长梢留 30～40 厘米短截。疏除徒长枝，留外芽剪除各主枝的顶芽。生长期对上部主枝拿枝开角，疏除下部主枝上的梢头分枝，保留延长梢。摘除主枝和主干上的直立梢和徒长枝。中心干延长梢仍留 30～40 厘米摘心，促发分枝。

第三年萌芽初对上部主枝进行拿枝或拉枝，各主枝上的侧生芽进行芽前刻伤，中心干延长梢留 30～40 厘米短截。树高和各主枝都达到要求高度和长度时进行缓放，没达到时继续培养。下部留三主枝的，每主枝上还可保留 2～3 个侧枝。

第四年以后的修剪主要是对过于冗长的或下垂枝进行回缩。

5. 篱壁形

(1)树形　篱壁形树需要由立柱和铁丝支撑,将枝条绑在铁丝上,形成篱壁形。其树形和立架方式与葡萄的单臂篱架相似,也有同葡萄的双臂篱架式。该树形有主干和中心干,主干高40～50厘米,树高2～2.5米,冠长2～3米,树篱宽1～2米。在中心干上着生4～5层水平生长的8～10个主枝,即每层2个主枝,顺行对生,在主枝上直接配备中小型结果枝组。层间距为30～40厘米(图6-19)。篱壁形主枝角度开张,树冠通风透光好。由于顶端优势受到抑制,结果枝形成早,发育好,结果部位集中,采摘方便。

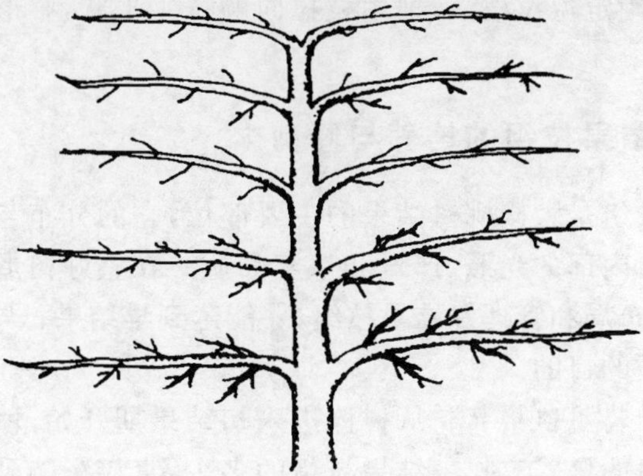

图6-19　篱壁形

(2)整形方法　选用100厘米以上的健壮苗木栽植,栽后在距地面50～60厘米处定干,留15厘米整形带,萌芽后选择3个生长势大致相同的新梢,其余萌芽抹除。

当年生长期选择位于顶部中心的直立枝作为中心干延长枝,下部2个枝作为第一层主枝。当中心干延长枝长至60～70厘米时,留40～50厘米摘心,促发分枝培养第二层主枝,并对第一层的2个主枝进行拿枝开角。

第二年萌芽初将下部的第一层和第二层主枝，分别顺行绑在第一、第二道铁丝上，并进行轻短截，对主枝背上的芽进行芽后刻伤或在萌芽后抹除，两侧芽在芽前刻伤，促发斜生的侧枝，培养结果枝或中小型结果枝组。中心干留 40～50 厘米短截，培养第三层主枝。生长期将第三层主枝分别绑在 3 道铁丝上，对第四层主枝拿枝开角，并注意对中心干延长梢摘心，培养第四层主枝。

第三年萌芽初将第四层主枝，绑在第四道铁丝上，其他处理同第二年。经 3～4 年的培养成形，有 4～5 层主枝就不再留中心枝。

采用双篱架栽培的，每层要选留 4 个主枝，如果不设篱架栽培，可以采用定位拉枝法，把主枝拉向顺行水平状，整形方法同有支柱形式。

（二）结果枝组的培养与修剪

结果枝组是大樱桃树结果的主要部位，它的分布与配置直接影响到树冠内部的光照、产量和果实品质。在整好树形骨架的基础上，合理布局和管理好结果枝组，才能达到早结果、早丰产、连年丰产和优质的目的。

1. 结果枝组的培养　从树体进入初结果期开始，就应注重做好结果枝组的培养工作。结果枝组的多少，直接影响到产量的多少，因此应适时采取不同手段培养结果枝组。

（1）单轴延伸式结果枝组　单轴延伸式结果枝组，也称鞭杆式结果枝组，适于对生长势缓、易衰弱的中庸侧生枝的培养，以延长其寿命。这种枝组的培养方法主要是采用连续缓放或连续轻短截培养而成（图 6-20）。连续缓放的枝条应剪去顶端几个轮生的叶芽，对背上芽采取芽后刻伤或抹除，两侧芽采取芽前刻伤的措施。采用缓放或轻短截后，第一年剪口下能抽生 1～2 个中长枝，其余为叶丛枝，生长期对中长枝摘除或翌年春季实行重短截或疏除，将先端疏剪成单轴后再缓放或轻短截，翌年即能形成短果枝和花束状果枝。连续多年后,过于冗长可回缩,衰弱时也要回缩。幼旺树上多培养这类枝组,可缓和树势,早结果。

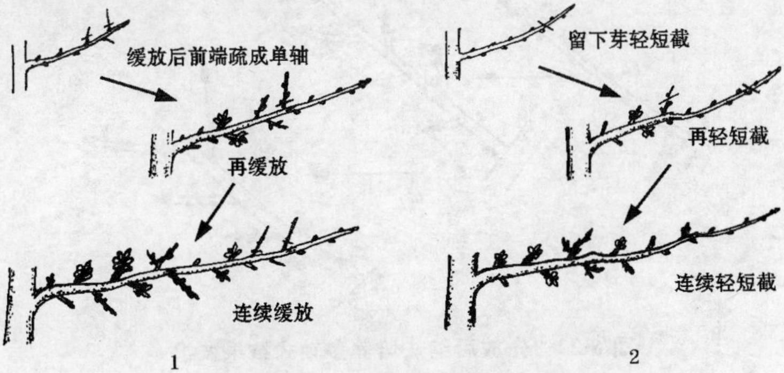

图 6-20　单轴延伸式结果枝组

1. 连续缓放法培养　2. 连续轻剪法培养

(2)多轴式结果枝组　多轴式结果枝组是通过先截后缩,或先放后缩等方法培养而成(图 6-21 和图 6-22)。

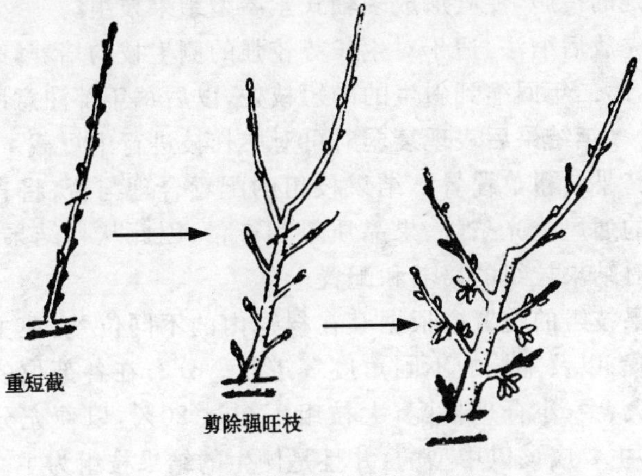

图 6-21　先截后缩法培养多轴式结果枝组

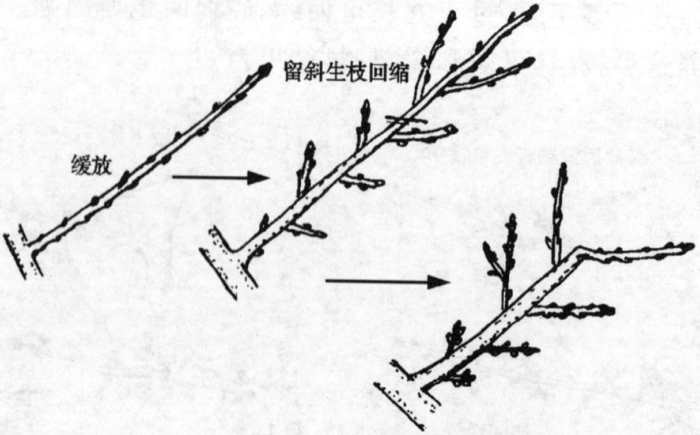

图 6-22 先放后缩法培养多轴式结果枝组

①先截后缩法：适于对主枝背上直立枝的培养，以避免其变成竞争枝扰乱树形。第一年在生长期对其重摘心或在第二年春季中短截或重短截，短截发枝后留 3～4 个分枝，第二年再将分枝采取去直留斜、去强旺留中庸后缓放，第三年再将直立枝疏除，回缩至斜生枝处的措施，促其形成多轴式紧凑型结果枝组。

②先放后缩法：适于对生长势较强的侧生枝的培养，第一年缓放不剪，第二年回缩到斜生的中短枝处，以后每年都注意回缩至中短枝处，多年结果后表现衰弱时可对中长枝进行中短截。

2. 结果枝组的配置 结果枝组的配置合理与否，将直接影响到树体的通风透光条件、果品质量和产量，因此从初结果开始，就应注重对结果枝组的培养和配置。

结果枝组的配置应根据其在树冠内的不同位置、在主枝上的不同位置，以及主枝的不同角度等进行。分布在各部位的结果枝组应是大、中、小合理搭配，大枝组不超过 20%，以便充分利用有限空间，主要应该以中型的，并且是侧生的结果枝组为主。

(1)根据树冠的不同位置配置 树冠的上半部应以配置小型结果枝组为主，以中型结果枝组为辅，树冠的中下部应以配置中小型结果枝组为主，以大型结果枝组为辅。

(2)根据主枝的不同位置配置　主枝的前部应配置小型结果枝组，而且枝组间距要大些。中后部应配置中大型结果枝组，背上枝组要小而少，两侧枝组要大而多些。

(3)根据主枝的角度和层间距配置　主枝的角度大、层间距大应配置中大型结果枝组，而且数量要多，相反，角度小、层间距也小的应配置中小型结果枝组，而且数量不宜过多。

(4)根据树形配置　自然开心形和主干疏层形，应以配置中小型结果枝组为主，大型结果枝组的数量不应超过 20%，而且应配置在主枝的两侧。改良主干形、细长纺锤形和篱壁形，其主枝应是单轴延伸，结果枝组直接着生在主枝上，所以应以配置小型结果枝组为主，适量配置中型结果枝组。

3. 结果枝组的修剪　一个结果枝组的形成直至连续结果，是一个发展、维持和更新的过程，要使结果枝组维持较长的结果寿命，必须通过修剪手段，来维持其长久保持中庸不衰的生长势。

(1)对生长势较强的结果枝组　如果处在有发展空间的条件下，可以中短截延长枝，使其再扩枝延伸发展。无发展空间的，可以疏除中长枝，或在生长期对中长枝连续轻摘心，使其保持中庸状态存在于有限空间内。

(2)对生长势较弱的结果枝组　应注意短截延长枝，回缩下垂枝和细弱枝，本着去弱留强的原则。

(三)结果期树的修剪

不论采用哪种树形栽培，经 3～4 年的整形培养，都可如期进入结果期，结果期树的修剪任务，主要是保持健壮的树势，多结果而不早衰，结果寿命长，连年获得丰产稳产。

1. 初结果期树的修剪　初结果期树的主要修剪任务是继续完善树形的整理，增加枝量；重点培养结果枝组，平衡树势，为进入盛果期创造条件。

进入初结果期的树，营养生长开始向生殖生长转化，但树势仍偏旺，在树冠覆盖率没有达到75%左右时，仍需要短截延伸，扩大树冠，在扩冠的基础上稳定树势，利用好有限空间；对已达到树冠体积的树，要控势中庸，对枝条应以轻剪缓放为主，促进花芽分化，还应注意及时疏除徒长枝和竞争枝，保持各级骨干枝分布合理，保持中庸健壮的树势。

2. 盛果期树的修剪　进入盛果期的树，在树体高度、树冠大小基本达到整形的要求后，对骨干延长枝不要继续短截促枝，防止树冠过大，影响通风透光。盛果期还应注意及时疏除徒长枝和竞争枝，以免扰乱树形。

正常管理条件下，经过2～3年的初果期，即可进入盛果期。在进入盛果期后，随着树冠的扩大、枝叶量和产量的增加，树势由偏旺转向中庸，营养生长和生殖生长逐渐趋于平衡，花芽量逐年增加，此期的主要修剪任务是保持树势健壮，促使结果枝和结果枝组保持较强的结果能力，延长其经济寿命。

大樱桃大量结果之后，随着树龄的增长，树势和结果枝组逐渐衰弱，特别是较细的中短结果枝和花束状结果枝易衰弱，结果部位易外移，在修剪上应采取回缩更新促壮措施，维持树体生长势中庸。骨干枝和结果枝组的缓放或回缩，主要看后部结果枝组和结果枝的生长势以及结果能力，如果后部的结果枝组和结果枝生长势良好，结果能力强，则可缓放或继续选留壮枝延伸；如果后部的结果枝组和结果枝生长势弱，结果能力开始下降时，则应回缩。在缓放与回缩的运用上，一定要适度，做到缓放不弱，回缩不旺。

3. 衰老期树的修剪　大樱桃一般在30～40年之后便进入衰老期，进入衰老期的树，树势明显衰弱，产量和果实品质也明显下降，这之前应有计划地及时进行更新复壮。

修剪的主要任务是培养新的树冠和结果枝组，采取回缩的措施，回缩至生长势较粗壮的分枝处，并抬高枝头的角度，增强其生长势。对要更新的大枝，应分期分批进行，以免一次疏除大枝过多，削弱树冠的更新能力。同时结合采取去弱留强、去远留近、以新代老的措施，还要利用好潜伏芽，对内膛的徒长枝重短截、促进多分枝，来培养新的主枝或结果枝以及结果枝组，达到更新复壮的目的。

4. 不同品种树的修剪 不同品种的大樱桃，其整形修剪各具特点。枝条易直立、生长势强旺的品种，应适当轻剪缓放，不宜短截过重或连续短截；枝条易横生、生长势不旺的品种，应以适当短截为主，不宜过早缓放或连续缓放。

以红灯、美早为代表的品种，枝条较直立，生长势较强，在修剪上应多采用轻剪缓放，少短截，加大主枝角度，来增加短果枝和花束状果枝的数量。以佳红为代表的品种，枝条较横生，树姿较开张，生长势不强旺，在修剪上应适当短截，在短截的基础上进行缓放，还应注意下垂枝的回缩，防止树势衰弱和结果部位外移。以拉宾斯为代表的短枝型品种，枝条生长量较小，易形成短果枝和花束状结果枝，树势容易衰弱，在修剪上应多短截，促进发枝，防止结果过多，造成树势衰弱。

5. 移栽树的修剪 生产中，常遇到缺株补植或密植间移问题，特别需要异地移栽结果大树时，这就涉及对移栽大树如何正确实施修剪技术，才能保证成活率问题。对移栽树除了减轻起树时对根系的伤害和异地运输中保证根系不失水抽干、栽后适时勤浇水外，重要的就是进行适度修剪，保证树体缓势快、生长快。

移栽树的修剪原则是伤根重则修剪重，伤根轻则修剪轻，树冠大的修剪重，树冠小的修剪轻，目的是保持树冠和根系生长的相对平衡。修剪的时间，应在萌芽前进行，修剪后对伤口及时涂抹杀菌剂。

此外，如果在秋季移栽大树，还要注意在挖树前将没有脱落的叶片摘掉，以免引起抽条。

(1)移栽结果幼树的修剪　移栽结果幼树时，因树冠小而根系分布范围也小，起树时不容易断根很多，所以可以适当轻剪。先中短截中心干延长枝，主枝延长枝留外芽或两侧芽中短截，侧生分枝超过主枝长1/3以上的要进行回缩，主干和主枝上的竞争枝和徒长枝一律疏除。

(2)移栽结果大树的修剪　移栽结果大树，因树冠大而根系分布范围也大，起树时不容易保留完整的根系，断根很多，所以应当重剪。应着重回缩主枝和结果枝组，或重短截所有的主、侧枝的延长枝，注意留一斜生的分枝带头生长，还要疏除所有的竞争枝和徒长枝，所有的发育枝也应重短截或疏除，树冠过高的还应落头。

四、整形修剪中存在的问题与处理

大樱桃树的整形修剪难于其他果树的整形修剪，生产中存在的问题很多，整形修剪技术实施及时和很到位的大樱桃树，树形规范，树体透光通风，栽后4～5年就可以进入丰产期，而且果实品质好、果个也大。整形修剪技术很差的大樱桃树，树形紊乱，树冠郁闭，5～7年生仍不结果或很少结果，严重影响树体的生长发育和生产效益。因此，对在整形修剪中出现的各种问题应及时采取相应对策。

(一)整形方面

1. 树形紊乱　树形紊乱的原因主要是不注重树形的合理布局，忽视树形对丰产优质的重要性，整形修剪技术不到位。尤其是不注重生长季的整形修剪，没有及时处理竞争枝、徒长枝和延长枝，形成双干树、双头主侧枝、多主枝密挤树、掐脖树等；还有的冠内竞争枝、徒长枝多，形成树上长树，主从不分，干性弱；还有的前期拉枝，后期不拉，造成上部枝直立，下部枝抱头，形成抱头树；还有的先期按预定的树形结构整形，后期放弃整形，形成无形树、偏冠树等。对这样的树形，应从幼树期注意及时整形，避免发生。如果出现这些问题，应及时采取疏、缩、截、拉等措施改造处理（图 6-23 至图 6-30）。

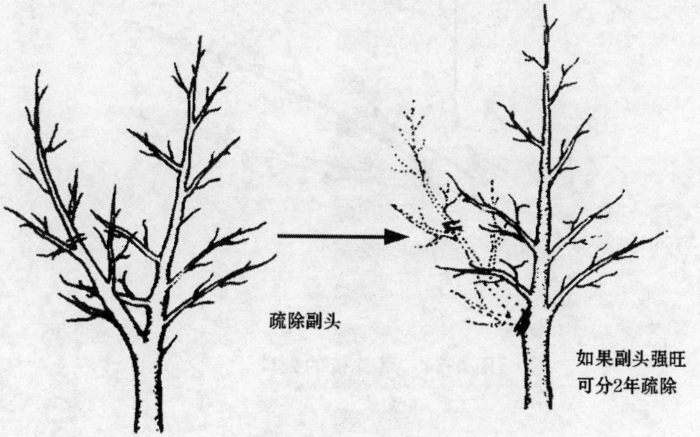

图 6-23　双干树的处理

2. 树冠过高，冠径过大　树冠过高主要是不落头造成，树冠顶部与棚膜之间几乎没有空间。冠径过大是不及时回缩主枝造成的，表现为行间交叉、株间交叉。对这样的树形，首先是将中央领导干落头，其次是回缩各主枝（图 6-31）。

3. 树冠过低　树冠过低的原因主要是定干过低，定干低的原因往往是因为选用了细矮的弱质苗，不够定干高度，或因整形带内芽眼受损而利用了整形带以下的萌芽作主枝。其次是幼树期主干上萌发出的徒长枝没有及时疏除，下年又舍不得疏除而留作主枝，致使树体进入结果期以后，结果枝接近地面。主枝或侧枝接近地面，会造成泥水污染果实，叶片易感染叶斑病。

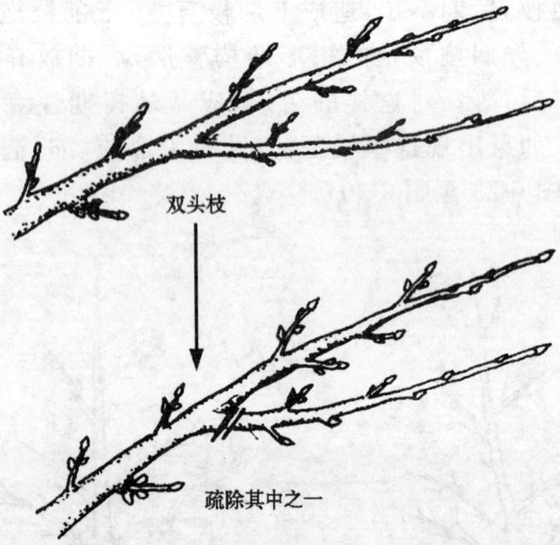

图 6-24 双头枝的处理

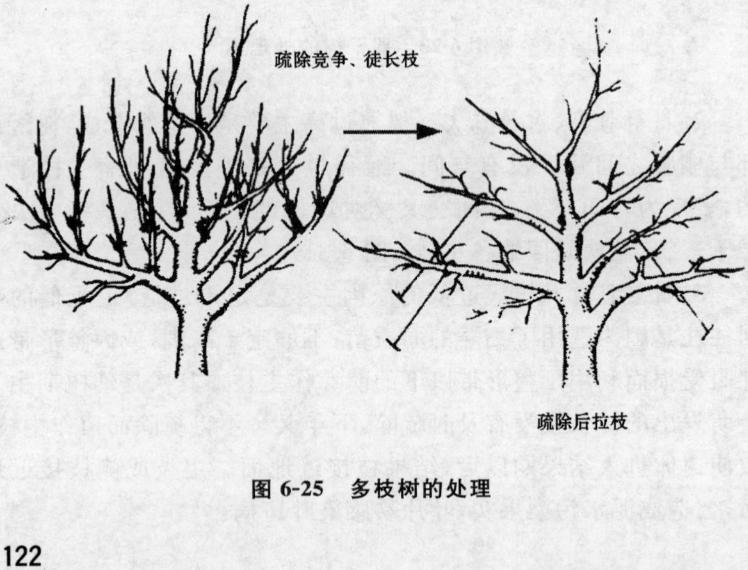

图 6-25 多枝树的处理

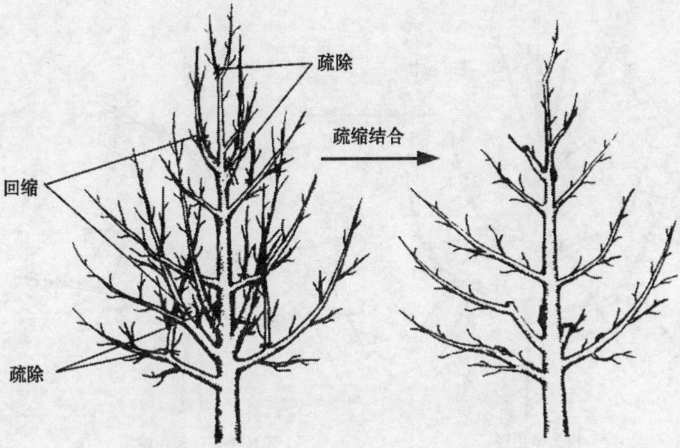

图 6-26　掐脖树的处理

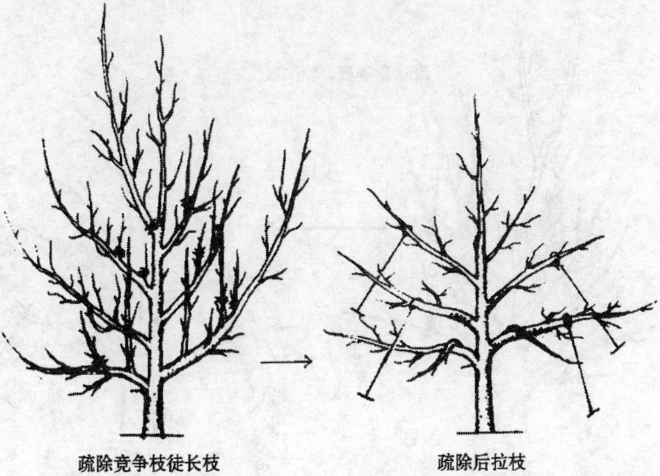

疏除竞争枝徒长枝　　疏除后拉枝

图 6-27　干性弱树的处理

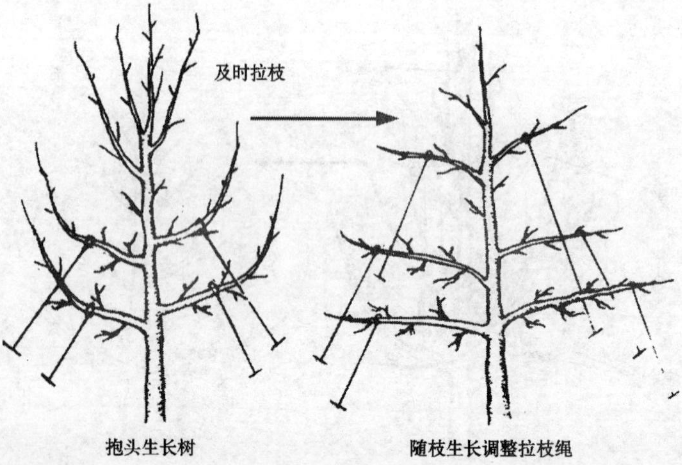

图 6-28　抱头树的处理

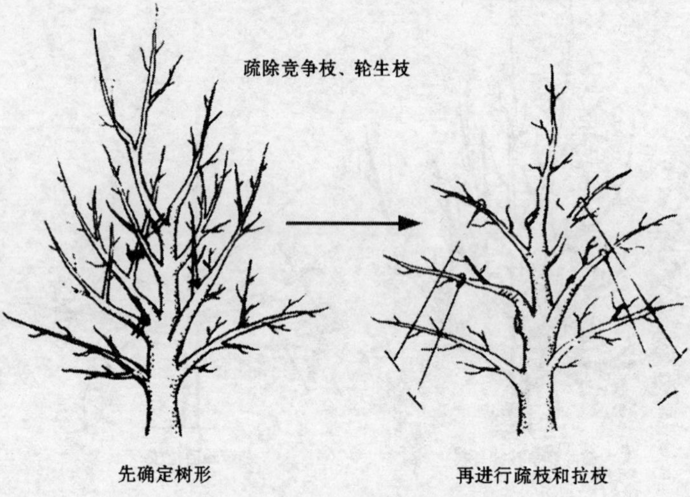

图 6-29　无形树的处理

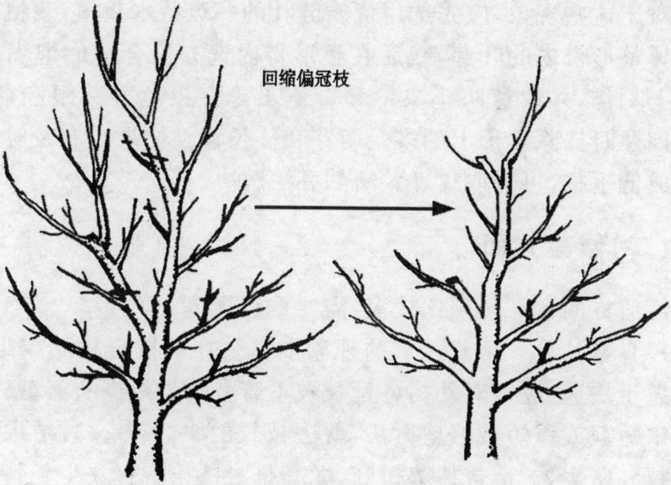

图 6-30　偏冠树的处理

图 6-31　超高树的处理

对于这些现象,应先选用优质健壮的一级苗木栽植,栽植时不要碰掉整形带内的叶芽,栽后在整形带内选方位合适的饱满芽进行芽上刻伤,并注意防止象甲和金龟子等害虫危害芽眼和萌芽。生长期及时抹除主干上的多余萌芽和徒长枝。如果没有及时处理而形成低垂枝,可采取撑、缩、疏的办法解决。

(二)修剪方面

修剪方面存在问题比较多,需要重点规范。

1. 短截过重　短截过重的现象多发生在幼树至初结果期,往往是急于快速成型,对幼树各延长枝不管枝条长短逢头必截,还多采取中短截或重短截修剪方法,剪去枝长的 1/2 或 2/3,结果是满树旺枝和密生枝,造成树势过旺,尤其是对枝条有直立生长特性的品种,短截的越重越多,表现越明显,以至该结果时不结果或很少结果。避免这类现象发生的措施,主要是在树体达到一定枝量后,就不要再进行重短截,应适度中短截、轻短截或缓放。

2. 轻剪缓放过重　轻剪缓放过重也是多发生在幼树至初结果期,往往是急于提早结果,对延长枝长放不剪或轻剪,尤其是对枝条有直立生长特性的品种,不进行拉枝、不疏梢头枝、不进行相应部位的刻芽,结果是枝条直立,结果枝外围多、内膛少。还有的对枝条有横生特性的品种幼树,过早缓放和连续缓放,虽然结果早,但造成过早形成小老树。

短截过重和轻剪缓放过重问题,都是因为对修剪技术应用不正确引起,正确的修剪措施是适度短截延长枝,及时疏除竞争枝和徒长枝,缓放要与拉枝、刻芽相结合,达到扩冠结果两不误。

3. 剪锯口距离、角度和方向不合理

(1)**剪口**　很多果农在修剪时不注意剪口离剪口芽的距离、角度和方向,剪后出现干橛,或削弱剪口芽生长势,或枝条直立,向上生长等现象。

剪口离剪口芽太远，芽上残留部分过长，伤口不易愈合而形成干橛；离得太近，易伤芽体，也易削弱剪口芽的生长势；剪口太平，不利于伤口愈合；剪口削面太斜、伤口过大，更不利于伤口愈合。

正确的剪口是剪口稍有斜面，呈马蹄形，斜面上方略高于芽尖，斜面下方略高于芽基部。这样伤面小，易愈合，有利于发芽抽枝。

剪口芽方向的确定，是根据所留剪口芽的目的不同而定，剪口芽的方向可以调节枝条的角度及枝条的生长势。中心干上的剪口芽应留在上年剪口枝的对面；主、侧枝延长枝如果角度小，应留外芽，加大角度；相反，枝条角度大或下垂应留上芽，抬高枝角度(图 6-32)。

图 6-32　剪口角度和方向

1. 倾斜 30°角　2. 角度大留上芽　3. 角度小留下芽

(2)**锯口**　很多果农至今还应用老式手锯，锯口呈毛茬状，粗糙不光滑，影响锯口愈合；有的不注意锯口角度，出现留桩太高、伤口太大，或锯成对口伤，或撕劈树皮及木质部等现象，这些都直接影响伤口的愈合，对树体伤害较大。正确的锯法是，锯口要光滑平整，不得劈裂，上锯口紧贴母枝基部略有斜面，呈椭圆状(图 6-33)，锯后涂抹杀菌剂或保水愈合剂。为了防止劈裂，可在被锯枝的基部背下先锯一道锯口，然后再从上向下倾斜锯除。手锯要更换平刃锯。

4. 拉枝不规范　拉枝不规范包括拉成弓形，或拉平部位太高，或下拉上不拉，或将延长枝和竞争枝对拉，还有的枝条没够长就拉，

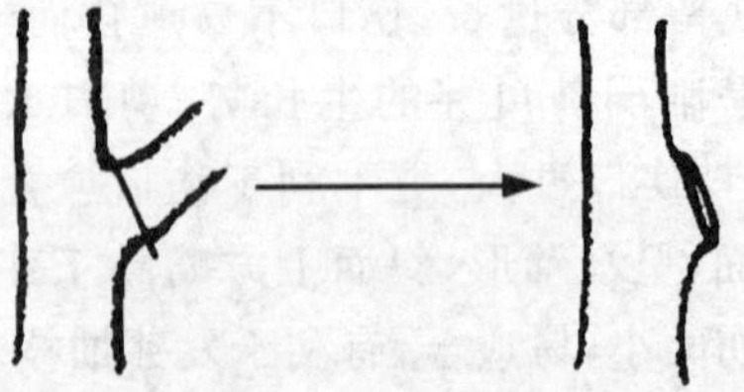

图 6-33　锯口角度

或将拉枝绳系成死扣，造成枝干绞缢，或拉枝时间过晚过早等现象。正确的拉枝首先是适时拉枝，时间是在萌芽后至新梢开始生长这段时间，枝条处于最软最易开角的阶段，也易定型。其次是适度拉枝、均匀拉枝，并随枝生长移动拉枝绳。拉枝绳要系成活扣，防止形成绞缢（图 6-34）。角度小的要先拿枝或连锯后再拉枝（图 6-35）。

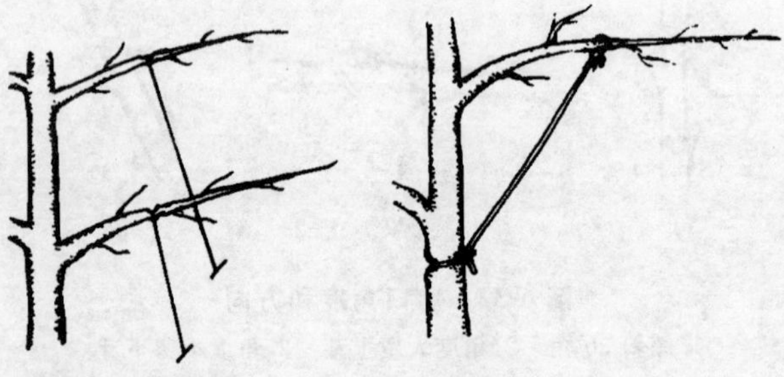

死绳扣造成主枝绞缢　　主干绞缢

图 6-34　拉枝绞缢

5. 环剥和刻伤过重　环剥和环割技术是促进成花和提高坐果率的一项重要措施之一，在其他果树上应用广泛，但在大樱桃树上应用，因其有流胶特性，特别是环剥，环剥的时期和宽度以及深度不当，或剥后污损形成层，或多处同时环剥，环剥后常会出现流胶或不愈合现象，严重时会发生死树或死枝现象。所以，大樱桃树应用此项技术应特别小心，我们提倡慎用或尽量不用环剥技术。如果应用环剥技术，应对幼旺树用，应用时间也不可过晚，一般于 5 月下旬至 6 月上旬进行，环剥的宽度不超过干直径的 1/10，剥后

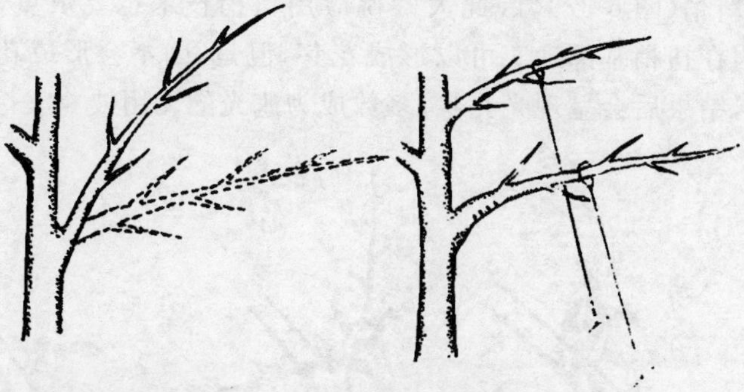

对角度小易劈裂的枝先拿枝　　拿枝或连锯后拉枝

图 6-35　拿枝或连锯后拉枝

遇干旱天时，要灌水后再剥，并用塑料薄膜或纸包裹（图 6-36）。无论环剥还是环割，都不要同时对主干和多个主枝应用，造成树势过弱或死树现象发生。环剥和环割的刀口不能过深，以免伤及韧皮部和木质部，更不能污损形成层（韧皮部）。

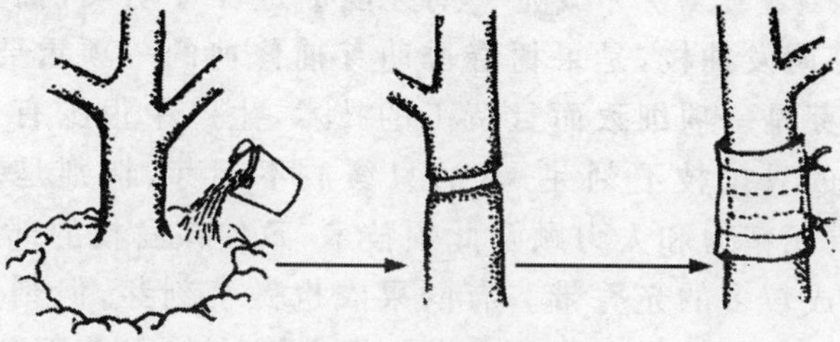

遇干旱浇水后剥　　5月下至6月上剥　　剥后包扎

图 6-36　正确的环剥

6. 扭梢过重或过早　扭梢也是促进成花的措施之一，在其他果树中应用广泛，但在大樱桃树上应用存在一定问题，常因扭梢过重或天气原因，发生死梢现象，俗称“吊死鬼”；扭的时期过早或扭伤过轻，又会出现发新梢现象；扭的时期过晚，新梢已木质化，还会折断新梢(图 6-37),因此大樱桃应用扭梢技术也要慎重,尽量不扭,因在扭梢基部确实可以形成花芽,但是,因不会形成花束状结果枝,结果后会呈现光秃状,多数成为遮光的无用枝。

图 6-37 扭 梢

7. 不刻芽或刻芽不规范 刻芽能促进叶芽萌发,抽生枝条或抑制芽萌发抽枝,是果树春季萌芽前修剪的一项重要措施,但是,刻芽是一项细致而且费工的技术,生产中很少有人能够做到,有的只拉枝不刻芽,有的只缓放不刻芽,特别是栽培面积大的更无精力和人力顾及此项技术,致使该发枝的部位没有发枝,形成较多的光秃带。有的果农也做了刻芽,但刻芽的反应混淆不清,不分部位一律在芽上刻伤或一律在芽下刻伤,或刻的距离太近或太远。刻芽技术如果真正做得及时、正确,会预期抽生出部位、角度和生长势理想的枝条,使树冠丰满紧凑,生长势中庸健壮,如果怕麻烦不应用,那么在以后的修剪中是要多费工夫的。

8. 采收后修剪过重 保护地大樱桃的修剪问题与露地樱桃一样,所不同的是采收后的修剪程度。促早熟栽培大樱桃的生长期较露地提前2～4个月，也就是说，树体提前2～4个月完成了生殖生长，但是离落叶和休眠还差2～4个月，树体继续处在生长季节里，这就使树体的上部易抽生大量的徒长枝和竞争枝，对这些在采收后形成的徒长枝或竞争枝，如果不进行修剪，则会影响冠内光照，修剪不当则会造成花芽不同程度的开放，如果一律疏除，或对结果枝短截过多或过重，则会造成花芽大量开放，以致造成翌年严重减产。

很多果农对保护地大樱桃的修剪方法和露地一样，萌芽前修剪1次，再就等到果实采收后再修剪1次，经常导致采后开花，这种现象普遍存在，除了因叶斑病和二斑叶螨为害严重，造成落叶而导致采后开花之外，修剪不当也是造成采后开花的主要原因。因此，对保护地大樱桃的修剪，应重在花后至采收前，采收后的6～8月份，只要少量疏除树体上部多余的发育枝就可以了，一定要保留一部分发育枝，俗称留“跑水条”，留枝量以不影响下部光照为宜，留下的发育枝可在翌年萌芽前疏除（图6-38），对结果枝和结果枝组更要在采收前处理好，采收后尽量不剪或轻剪，防止采收后开花。

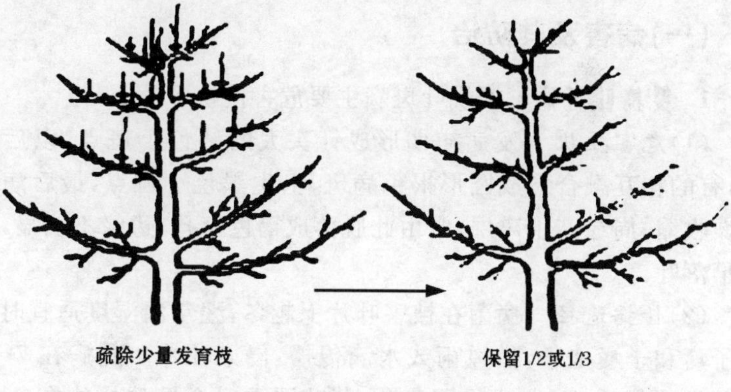

图6-38　采收后修剪

第七章　病虫害与缺素症的防治

一、病虫害防治

保护地大樱桃园病虫害的防治，首先要重视清园，清园也就是在树体萌芽前，彻底清除地面和树上的枯枝落叶，将其带出园外处理。其次是重视树体发芽前的施药，树体发芽前无叶片遮挡，害虫和病菌容易接触药剂，易于杀死越冬害虫和病菌。此期喷药还能节省农药和用工量，因此在萌芽前必须喷1次5波美度石硫合剂，或45%晶体石硫合剂30倍液，或70%索利巴尔可溶性粉剂80倍液。

（一）病害及其防治

1. 樱桃叶斑病　樱桃叶斑病主要危害樱桃叶片。

（1）危害症状　发病初期形成针头大的紫色小斑点，以后扩大，有的相互融合形成圆形褐色病斑，上生黑色小粒点，最后病斑干燥收缩，周缘产生离层，常由此脱落成褐色穿孔，边缘不明显，多提早落叶。

（2）传播途径　病菌在被害叶片上越冬，翌年温湿度适宜时产生子囊和子囊孢子，借风雨或水滴传播，侵染叶片。此病在7～8月份发病最重，可造成早期落叶，落叶严重时会导致树体在8～9月份形成开花现象，或冬季遭受严重的冻害。发病的轻重与树势强弱、降雨量的多少、管理水平等有关。树势弱、雨量多而频，地势低注，排水不良发病重。此外，还经常因为撤覆盖物时，通风锻炼时间不足而发病重。

(3)防治方法 加强综合管理，改善通风透光条件，增强树势，提高树体抗病能力。树体萌芽前彻底清除枯枝、落叶，剪除病枝，予以集中烧毁，消灭越冬菌源。

谢花后至采果前，喷 1～2 次 70％代森锰锌可湿性粉剂 800 倍液，或 50％多菌灵可湿性粉剂 800 倍液；采果后，田间湿度大或进入雨季时，喷 2～3 次 1∶2∶200～240 石灰倍量式波尔多液，或 80％碱式硫酸铜可湿性粉剂 600～800 倍液，或 78％波尔·锰锌可湿性粉剂 500 倍液，或 10％多抗霉素可湿性粉剂 1 000～1 500 倍液。

2. 樱桃灰霉病 该病主要危害幼果、叶片或成熟果实。

(1)危害症状 初侵染时病部水渍状，果实变成褐色，后在病部表面密生灰色霉层，果实软腐脱落，并在表面形成黑色小菌核(图 7-1)。

(2)传播途径 病菌以菌核及分生孢子在病果上越冬，樱桃展叶后随水滴、雾滴及风雨传播侵染。

(3)防治方法 及时清除树上和地面的病叶、病果，集中深埋或烧毁。

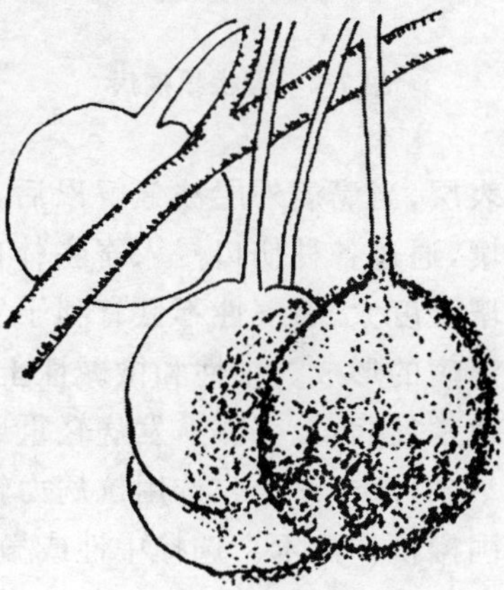

图 7-1 樱桃灰霉病

落花后棚室内湿度大时，及时喷布 50％腐霉利可湿性粉剂 2 000 倍液，或 10％多抗霉素可湿性粉剂 1 000～1 500 倍液，或 70％代森锰锌可湿性粉剂 700 倍液，或20%异菌·多菌灵悬浮剂800～1 000倍液，或50%多菌灵可湿性粉剂1 000倍液，或50%异菌脲可湿性粉剂1 000～1 500倍液，或65%抗霉威可湿性粉剂1 000～1 500倍液。

3. 樱桃根瘤病　也称根癌病。该病主要发生在根颈、根系上及嫁接口处。

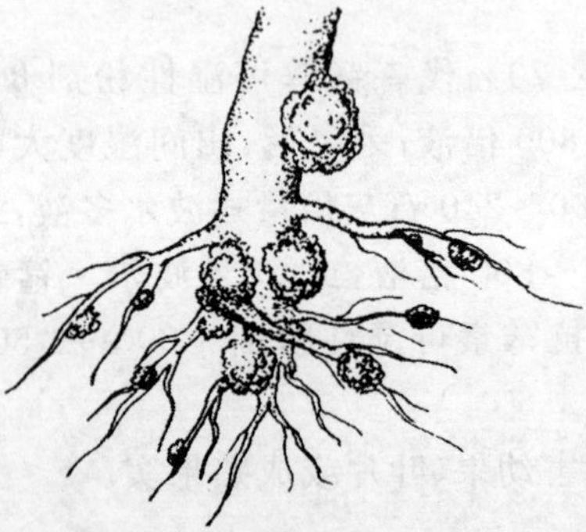

图7-2　樱桃根瘤病

(1)危害症状　发病初期，病部形成灰白色瘤状物，表面粗糙，内部组织柔软，为白色。病瘤增大后，表皮枯死，变为褐色至暗褐色，内部组织坚硬，木质化，大小不等，大者直径5～6厘米，小者直径为2～3厘米。病树生长势衰弱，产量降低(图7-2)。

(2)传播途径　病原菌在病组织中越冬，大都存在于癌瘤表层，当癌瘤外层被分解以后，细菌被雨水或灌溉水冲下，进入土壤，通过各种伤口侵入寄主体内。传播媒介除水外，还有昆虫。土壤湿度大、通气性不良有利于发病。地温在18℃～22℃时最适合癌瘤的形成。中性和微碱性土壤、较酸性土壤发病轻，前茬为菜园地常发病重。此外，发病轻重还与砧木品种有关。

(3)防治方法　选用抗病力较好的ZY-1、山樱桃、吉塞拉以及中国樱桃作砧木。选择中性或微酸性的沙壤土栽植，多施有机肥，提高土壤透气性。

选用无癌瘤的苗木栽植，栽植前用0.5～1波美度石硫合剂蘸根(蘸上药剂后立即栽植以免烧根)，或用根癌宁(K84)生物农药30倍液蘸根5分钟。

4. 枝干癌肿病　枝干癌肿病主要危害枝干。该病是大樱桃树上近年来发生的一种细菌性病害，发生严重的果园，病株率和病枝率达 90%以上，导致树势衰弱，产量降低，以至逐年枯死。

(1)危害症状　初期病部产生小突起，暗褐色略膨大，分泌树脂，逐渐形成肿瘤，表面粗糙成凹凸不平，木栓化很坚硬，色泽逐渐变成褐色至黑褐色。瘤肿近球形或不规则形，大小不一，最大的直径可达 10 厘米以上。一个枝条上肿瘤数不等，少的 1～2 个，多的十几个或更多(图 7-3)

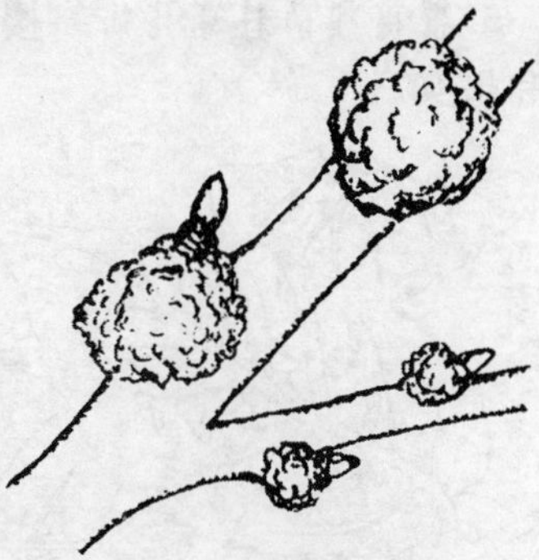

图 7-3　枝干癌肿病

(2)传播途径　该病是由真菌引起的病害。树体进入休眠期后，病菌在枝干发病部位越冬，翌年树体萌芽后病瘤表面溢出菌脓，通过风雨、人为活动，或昆虫体表携带等方式进行传播。病菌从叶痕处和伤口处侵入，潜育期通常为 20～30 天。枝干上的老肿瘤一般在树体萌动后开始增大，采收前后增大最快，树体停长后停止扩大。枝梢当年发生的新病瘤，一般在花后开始出现。该病在管理粗放的樱桃园，叶斑病严重造成早期落叶的樱桃园发生严重。此外，冬季冻害、夏季高温灼伤，以及大青叶蝉等害虫危害，致使枝干皮层受伤害时发生严重。在调查中还发现，以中国樱桃作砧木的较山樱桃作砧木的樱桃树上发生严重。

(3)防治方法　加强果园肥水管理，使树体健壮，提高树体抗病、抗寒能力。及时防治叶斑病和大青叶蝉等病虫害，防止病菌从叶痕处和伤口处侵染。剪除病枝，予以集中烧毁。

萌芽前及时喷布 5 波美度石硫合剂。在癌瘤中的病菌传播以前，用刀割除癌瘤，再涂以 80%“402”抗菌剂 50 倍液，或 20%叶青双可溶性粉剂50倍液，或72%硫酸链霉素以及90%新植霉素可湿性粉剂3000倍液。

5. 樱桃细菌性穿孔病 樱桃细菌性穿孔病主要危害叶片、新梢和果实。

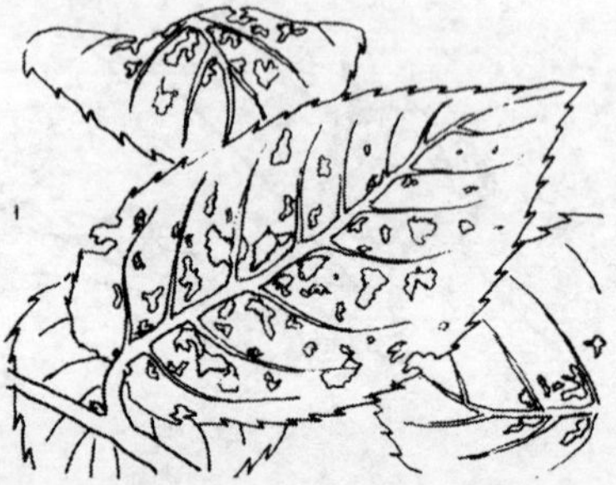

图7-4 樱桃细菌性穿孔病

(1) *危害症状* 叶片受害后，初呈半透明水渍状淡褐色小点，后扩大成圆形、多角形或不规则形病斑，直径为1～5毫米，紫褐色或黑褐色，周围有一淡黄色晕圈。湿度大时，病斑后面常溢出黄白色黏质状菌脓，病斑脱落后形成穿孔(图7-4)。

(2) *传播途径* 病菌在落叶或枝梢上越冬。病原细菌借风雨及昆虫传播。一般棚室内湿度大、温度高和春夏雨季或多雾时发病重，干旱时发病轻。通风透光差，排水不良，肥力不足，树势弱，或偏施氮肥发病重。

(3) *防治方法* 加强综合管理，改善通风透光条件，增强树势，提高树体抗病能力。萌芽前彻底清除枯枝、落叶，剪除病枝，予以集中烧毁，消灭越冬菌源。

发芽前喷1次5波美度石硫合剂，或45%晶体石硫合剂30倍液；花后及时喷72%硫酸链霉素可溶性粉剂3000倍液，或90%新植霉素可湿性粉剂3000倍液；采果后如有发生可喷1∶1∶100硫酸锌石灰液，均有良好的防治效果。

6. 樱桃褐腐病 又称灰星病，是引起樱桃果实腐烂的重要病害。

(1) *危害症状* 主要危害花和果实。花的腐烂要到落花前后才发现，花器变成褐色、干枯，形成灰褐色粉状分生孢子块。果实发病时，幼果和成熟果症状不同。幼果发病时，在落花 10 天后，果面发生黑褐色斑点，后扩大为茶褐色病斑，不软腐。成熟果发病时，果面初现褐色小斑点，后迅速蔓延发展，引起整果软腐，树上病果成为僵果悬挂树上(图 7-5)。

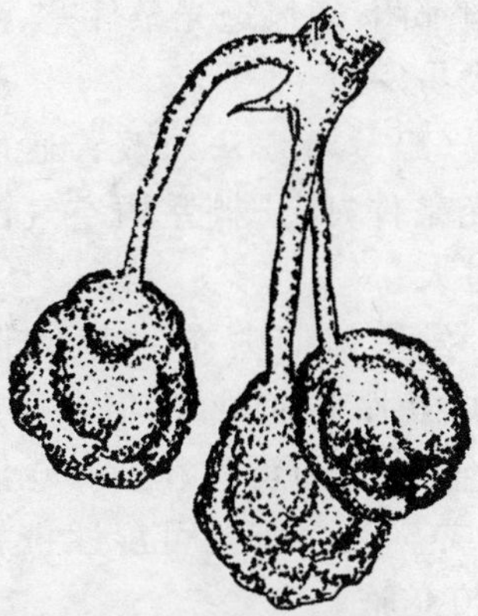

图 7-5　樱桃褐腐病

(2)传播途径　病菌以落地病果菌核及树上僵果越冬。翌年春季，从菌核生出长约 10 厘米的碗形子囊盘，盘中产生大量的子囊孢子，随风雨、水滴或作业等途径传播。树上越冬僵果，在温度和湿度条件合适时，产生灰褐色的分生孢子。这些越冬菌源生出的子囊孢子和分生孢子，侵染花器，影响果实产量。地表湿润有利于子囊盘形成，也利于僵果产生分生孢子，从而使花腐较多。特别是成熟期，灌水后遇连阴天、大雾天，易引起果实病害流行。栽植密度大及修剪不当、透光通风条件差发病多。

(3)防治方法　及时收集病叶和病果，集中烧毁或深埋，以减少菌源。合理密植及修剪，改善通风透光条件，避免湿气滞留。落花后喷 50％乙烯菌核利可湿性粉剂 600～1 000 倍液，或 50％腐霉利可湿性粉剂 2 000 倍液。

7. 煤污病　主要危害叶片，也危害枝条和果实。

(1)危害症状　叶面染病时，初呈污褐色圆形或不规则形的霉点，后形成煤灰状物，严重时可布满叶片、枝及果面，影响光合作用，造成提早落叶(图 7-6)。

(2)传播途径　以菌丝和分生孢子在病叶上或在土壤内及植物残体上越冬，分生孢子借风雨、水滴、蚜虫、介壳虫等传播蔓延。

树冠郁闭，通风透光条件差、湿度大易发病。

(3) 防治方法　改善通风透光条件，防止棚室内空气湿度过大。

发生初期喷布 40% 克菌丹可湿性粉剂 400 倍液，或 40% 多菌灵可湿性粉剂 600 倍液，或 50% 多霉灵可湿性粉剂 1 500 倍液。

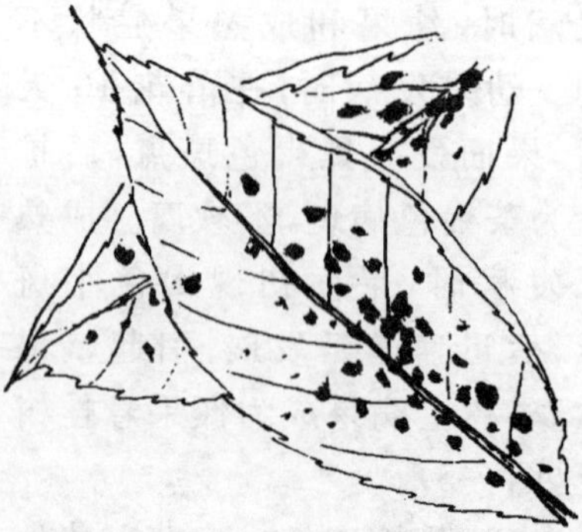

图 7-6　樱桃煤污病

8. 樱桃流胶病　主要危害枝干。樱桃流胶病的病原目前尚不清楚，多数认为是生理病害。

图 7-7　樱桃流胶病

(1) 危害症状　患病树自树体萌芽开始，在枝干伤口处以及枝杈夹皮死组织处溢泌树胶。流胶后病部稍肿，皮层及木质部变褐腐朽，腐生其他杂菌，导致树势衰弱，严重时枝干枯死(图 7-7)。

(2) 传播途径　樱桃流胶病的发生与树势强弱、冻害、涝害、栽植过深、土壤黏重、土壤盐碱严重、霜害、冰雹、病虫危害、施肥不当、修剪过重等有关。

树势过旺或偏弱，冻、涝害严重，土壤黏重通气不良，乙烯利、赤霉素等植物生长调节剂使用浓度过高等发病就重；反之，树体健壮，无冻害，土壤通气性好，降雨量适中，发病就轻或不发病。

(3) 防治方法　加强管理，选择透气性好、土质肥沃的沙壤土或壤土栽植樱桃树。要避免冻伤和日灼，彻底防治枝干害虫，增施有机肥料，防止旱、涝灾害，提高树体抗性，修剪时要减少大伤口，注意生长季修剪，避免秋、冬修剪，避免机械损伤。在流胶病发生期，喷2%春雷霉素可湿性粉剂200～400倍液；对已发病的枝干，要及时彻底刮治，并用生石灰10份、石硫合剂1份、食盐2份和植物油0.3份加水调制成保护剂，涂抹伤口，或用21%过氧乙酸原液涂抹伤口。

9. 花腐病　主要危害花，也危害幼果和叶片。

(1)*危害症状*　花蕾和花朵染病时，花瓣及子房干枯，呈黄褐色，严重时花柄同时干枯，影响坐果。叶片染病时，在叶尖、叶缘、中脉附近，发生红褐色湿润状圆形斑点，很快扩展成不规则形红褐色病斑，潮湿时病部产生白色霉状物。

(2)*传播途径*　该病菌在落于地面的花瓣和叶片上越冬，翌年在树体萌芽前10～15天到开花前3～5天，地温达5℃以上，空气相对湿度达30%以上时菌核萌发形成子囊孢子，随空气流动侵入花蕾或花朵。低温寡照和湿度大易发病，不清园发病重。

(3)*防治方法*　萌芽前清园。花期低温寡照或湿度大时，及时喷布50%腐霉利可湿性粉剂2 000倍液，或10%多抗霉素可湿性粉剂1 000～1 500倍液。

10. 立枯病　又称烂颈病、猝倒病，属苗期病害。主要危害樱桃砧木苗。

(1)*危害症状*　幼苗染病后，初期在茎基部产生椭圆形暗褐色病斑，病苗白天萎蔫，夜间恢复。后期病部凹陷腐烂，绕茎一周，幼苗即倒伏死亡(图7-8)。

(2)*传播途径*　病菌在土壤和病组织中越冬，从种子发芽到出现4～5片真叶期间均可感病，但以子叶期感病较重。幼苗出土后，遇阴雨天气，病菌迅速蔓延，蔬菜地和重茬地易发病。

(3)*防治方法*　育苗应选用无病菌的新的地块，或回填沙壤土

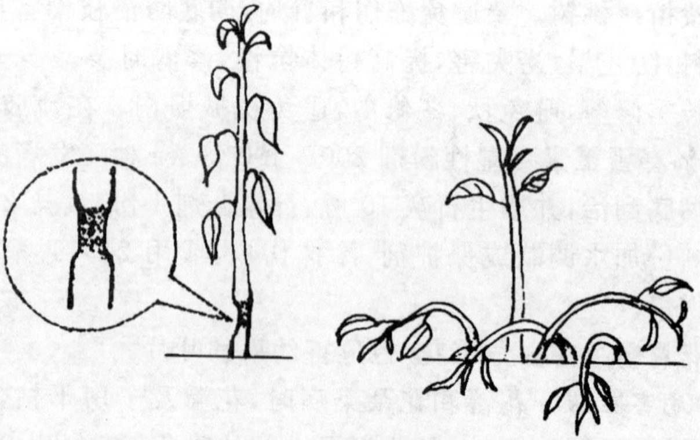

图 7-8　樱桃立枯病

的地块作苗圃地，避免重茬。播种时使用 0.05%福·福锌药土防治，或 70%甲基硫菌灵可湿性粉剂等做药土防治。每平方米用药 8～9 克对土 1 千克。

幼苗发病前期喷药防治，可选用 70%痢霉灵可湿性粉剂1 000倍液，或 50%福美双可湿性粉剂 500～750 倍液，或 70%甲基硫菌灵可湿性粉剂 800 倍液喷雾，5～7 天喷 1 次，连喷 2～3 次。

11. 樱桃皱叶病

(1)危害症状　此病为类病毒病害，属类病毒病的一种。有遗传性，感病植株叶片形状不规则，往往过度伸长、变狭，叶缘深裂，叶脉排列不规则，叶片皱缩，常常有淡绿色与绿色相间的不均衡颜色，叶片薄、无光泽、叶脉凹陷，叶脉间有时过度生长。皱缩的叶片有时整个树冠都有，有时只在个别枝上出现。明显抑制树体生长，树冠发育不均衡。花畸形，产量明显下降(图 7-9)。

(2)传播途径　通过嫁接、授粉或昆虫染病。病毒病是影响甜樱桃产量、品质和寿命的一类重要病害。

(3)防治方法　对于病毒病和类菌原体病害的防治，目前尚无有效的方法和药剂。根据此类病害的侵染发病特点，在防治上应抓好以下几个环节:一是隔离病原和中间寄主。一旦发现和经检测确认的病树,实行严格隔离,若数量少时予以铲除。观赏性樱花是小果病毒的中间寄主,在大樱桃栽培区不宜种植。二是绝对避免用染毒的砧木和接穗来嫁接繁育苗木,防止嫁接传播病毒。因此,繁育大樱桃苗木时,应建立隔离的无病毒根砧圃、采穗圃和繁殖圃,以保证繁育的材料不带病毒。三是不要用带病毒树上的花粉授粉,因为大樱桃有些病毒是通过花粉来传播的。四是防治好传毒昆虫。与其他仁果类果树的病毒不同,核果类果树(包括樱桃)的许多病毒是通过昆虫来传播的,这些昆虫包括叶螨、叶蝉等。有些线虫如长针线虫、剑线虫等也可传播病毒。总之,防治的关键是消灭病源,切断传播路线。

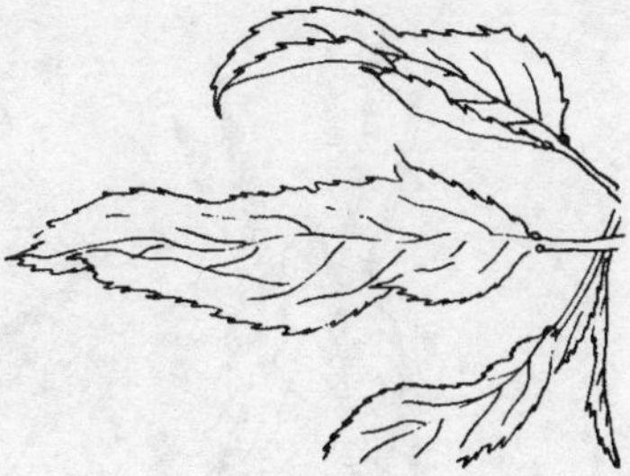

图 7-9　樱桃皱叶病

(二)虫害及其防治

1. 二斑叶螨　又名二点叶螨、白蜘蛛等,是 20 世纪 80 年代中期从国外传入我国的新害螨,主要危害叶片,寄主广泛。

(1)形态特征　雄成螨呈菱形,雌成螨为椭圆形,长 0.3～0.5 毫米,灰白色,体背两侧各有 1 个褐色斑块。卵圆球形,直径约 0.1 毫米,初期为白色,逐渐变为淡黄色,孵化前出现 2 个暗红色眼点。幼螨半球形,黄白色,有 3 对足,若螨体椭圆形,黄绿色,体背显现褐斑,有 4 对足。

(2)危害症状　二斑叶螨以成螨和若螨刺吸嫩芽、叶片汁液,喜群集叶背主叶脉附近,并吐丝结网于网下危害,被害叶片出现失绿斑点,严重时叶片灰黄脱落(图 7-10)。

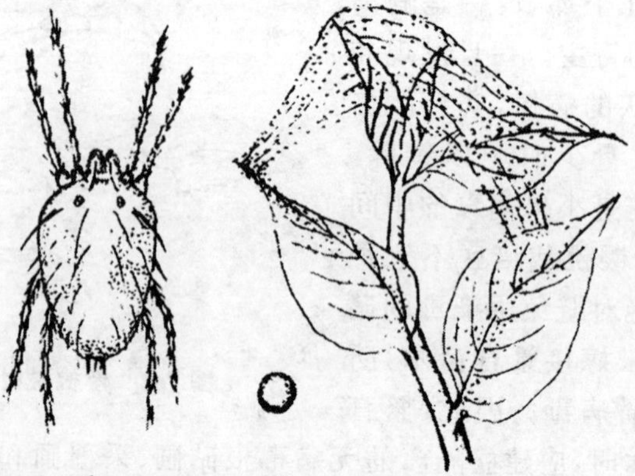

图 7-10　樱桃二斑叶螨

1. 成螨　2. 卵　3. 被害状

(3)发生规律　1 年发生 8～10 代，世代重叠现象明显。以雌成螨在土缝、枯枝、翘皮、落叶中或杂草宿根、叶腋间越冬。当日平均温度达 10℃时开始出蛰，温度达 20℃以上时，繁殖速度加快，达 27℃以上时，干旱少雨条件下发生危害猖獗。二斑叶螨危害期是在采果前后，8 月份发生危害严重。从卵到成螨的发育期仅为 7.5 天。成螨产卵于叶片背面。幼螨、若螨孵化后即可刺吸叶片汁液，虫口密度大时，成螨有吐丝结网的习性，成螨在丝网上爬行。

(4)防治方法　清除枯枝落叶和杂草集中烧毁，结合秋春季树盘松土和灌溉消灭越冬雌虫，压低越冬基数。

在害螨发生期用 1.8%阿维菌素乳油 4 000 倍液，或 15%阿维·辛硫磷乳油 1 000 倍液防治。无论是哪种药剂，都必须将药液均匀喷到叶背、叶面及枝干上。发生严重时，可间隔 5～7 天连续防治 2～3 次。

2. 桑白蚧　又名桑盾蚧、树虱子。主要危害枝干。

(1)形态特征　雌成虫介壳灰白色，扁圆形，直径约2毫米，背隆起，壳点黄褐色，位于介壳中央偏侧，壳下虫体枯黄色，扁椭圆形，无翅。雄成虫介壳细长，约1毫米，灰白色，壳点在前端，羽化后虫体枯黄色，有翅可飞，前翅膜质，眼黑色。卵椭圆形、橘红色，长径约0.3毫米。初孵若虫体扁卵圆形，长约0.3毫米，浅黄褐色，能爬行，蜕皮后的二龄若虫，开始分泌介壳，雄虫蜕皮时其壳似白粉层。

(2)危害症状　桑白蚧以雌成虫和若虫群集固定在枝条和树干上吸食汁液危害，叶片和果实上发生较少。枝条和树干被害后树势衰弱，严重时枝条干枯死亡，一旦发生而又不采用有效措施防治，则会在3～5年内造成全园被毁(图7-11)。

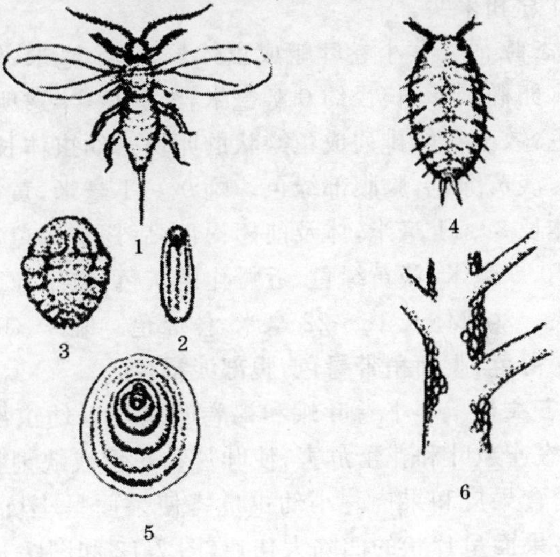

图7-11　樱桃桑白蚧

1. 雄成虫　2. 雄介壳　3. 雌成虫腹面　4. 若虫　5. 雌介壳　6. 被害状

(3)发生规律　1年发生2～3代，以受精雌成虫在枝条上越冬,翌年树体萌动后开始吸食危害,虫体迅速膨大,并产卵于介壳下,每头雌成虫可产卵百余粒。初孵化的若虫在雌介壳下停留数小时后逐渐爬出,分散活动1～2天后即固定在枝条上危害。经5～7天开始分泌出绵状白色蜡粉,覆盖整个体表,随即蜕皮继续吸食,并分泌蜡质形成介壳。棚室内第一代卵3月下旬开始孵化,第二代卵孵化期在6月上旬,第三代卵孵化期在7月中旬。

(4)防治方法　发芽前喷5波美度石硫合剂,或99%绿颖乳油、99.1%敌死虫乳油100～200倍液防治。结合修剪,剪除有虫枝条,或用硬毛刷刷除越冬成虫。采收后喷布28%蚧宝乳油1 000倍液,或40%速蚧杀乳油1 000倍液防治。

3. 卷叶蛾　又称卷叶虫,其种类有苹小卷叶蛾和褐卷叶蛾等。主要危害叶片和果实。

(1)形态特征　苹小卷叶蛾成虫体长6～8毫米,体色棕黄色或黄褐色。卵椭圆形,长径约0.7毫米,淡黄色,半透明,近孵化期变成黑褐色,数十粒卵排列成鱼鳞状的卵块。幼虫体长13～18毫米,头较小,淡黄绿色,胸腹部绿色。蛹9～11毫米,黄褐色。褐卷叶蛾成虫体长8～11毫米,体及前翅褐色,后翅灰褐色。卵扁椭圆形,长径约0.9毫米,淡黄绿色,近孵化期灰色,数十粒卵排列成鱼鳞状的卵块。幼虫体长18～22毫米,体绿色。蛹9～11毫米,头、胸部背面深褐色,腹面稍带绿色,腹部淡褐色。

(2)危害症状　苹小卷叶蛾和褐卷叶蛾均以幼虫出蛰后食害嫩芽,吐丝缀连嫩叶和花蕾危害,使叶片和花蕾成缺刻状。幼果期幼虫尚可啃食果皮和果肉。小幼虫危害使果面呈小坑洼状,幼虫稍大后危害果面呈片状的凹陷大伤疤(图7-12和图7-13)。

(3)发生规律　1年发生2～3代。以小幼虫在翘皮缝、剪锯口等缝隙中结白色虫茧越冬。花芽绽开时,幼虫开始出蛰,幼虫危害嫩芽、嫩叶及花蕾。展叶后缀连叶片危害,并在两叶重叠处或卷叶中化蛹。卵产于叶片背面。卵期6～7天。初孵化幼虫数头至

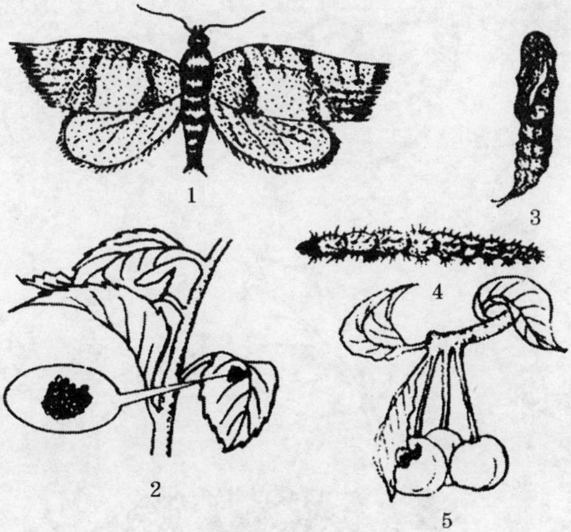

图 7-12　苹小卷叶蛾

1. 成虫　2. 卵块　3. 蛹　4. 幼虫　5. 被害状

十余头在叶背中脉附近啃食叶肉。发育至三龄后，部分幼虫爬至两果之间、果叶相接处或梗洼中啃食果肉及果皮。9 月中下旬幼虫陆续做茧越冬。成虫有趋光性和趋化性，对果汁液、糖醋液及酒糟水均有较强的趋性。幼虫受触动立即吐丝下垂。

(4)防治方法　发芽前，彻底刮掉树上翘皮(包括潜皮蛾等害虫危害造成的各种翘皮)，刮掉的皮及时烧毁，消灭越冬幼虫。

发芽前用拟除虫菊酯类杀虫剂 1 000 倍液在剪口、锯口及翘皮处涂抹，杀死茧中越冬幼虫。出蛰初期结合防治山楂叶螨可在花序分离期喷药，选用的药剂有 10%氯氰菊酯乳油 2 000 倍液，或 20%甲氰菊酯乳油 2 500 倍液，或 10%联苯菊酯乳油 2 500 倍液。如果只防治卷叶虫可喷 25%灭幼脲 3 号悬浮剂 1 500 倍液，或 20%氰戊菊酯乳油 4 000 倍液，或 20%阿维·灭幼脲可湿性粉剂 1 500～2 000 倍液。

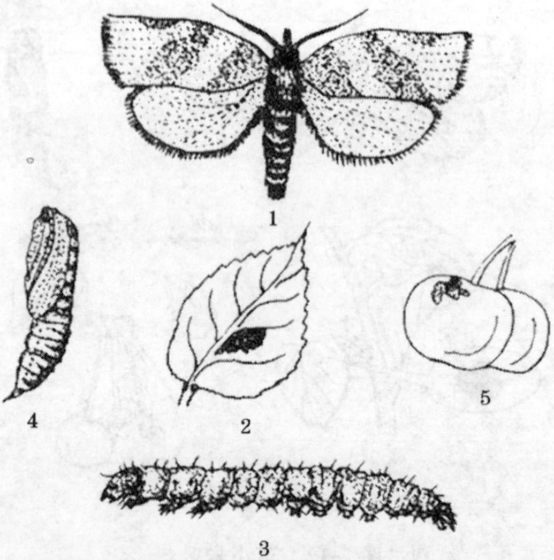

图 7-13　褐卷叶蛾

1. 成虫　2. 卵块　3. 幼虫　4. 蛹　5. 被害状

4. 黄尾毒蛾　又名盗毒蛾。主要危害叶片。

(1)形态特征　成虫体长 13～15 毫米，体、翅均为白色，腹末有金黄色毛。卵扁圆形，直径约 1 毫米，灰黄色，数十粒排成卵块，表面覆盖有雌虫腹末脱落的黄毛。幼虫老熟时体长 30～40 毫米，体黑色，背线红色。蛹为褐色，茧为灰白色。

(2)危害症状　以幼虫危害新芽、嫩叶，被食叶成缺刻或只剩叶脉(图 7-14)。

(3)发生规律　1 年发生 2～3 代。以三至四龄幼虫结灰白色茧在树皮裂缝或枯叶里越冬。樱桃发芽时，越冬幼虫开始出蛰危害，5 月中旬至 6 月上旬做茧化蛹，6 月上中旬成虫羽化，在枝干上或叶背产卵。幼虫孵出后群集危害，稍大后分散。8～9 月份出现下一代成虫，产卵孵化的幼虫危害一段时间后，在树干隐蔽处

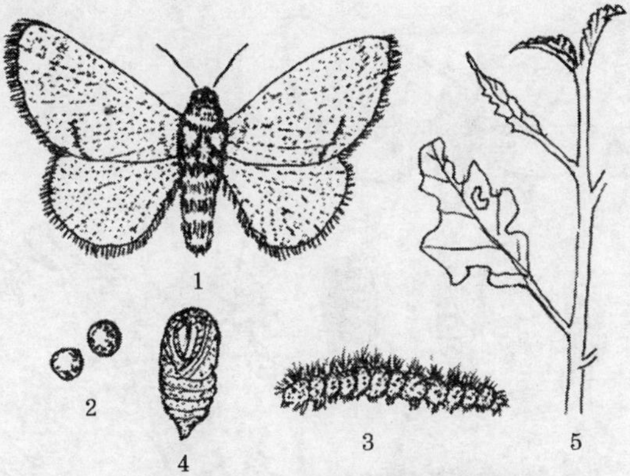

图 7-14　黄尾毒蛾

1. 成虫　2. 卵　3. 幼虫　4. 蛹　5. 被害状

越冬。

(4)防治方法　刮除老翘皮,防治越冬幼虫。幼虫危害期人工捕杀;发生数量多时,可喷布 20%氰戊菊酯乳油 2 000 倍液,或 2.5%溴氰菊酯乳油 2 500 倍液防治。

5. 天幕毛虫　又称枯叶蛾,俗称春黏虫、顶针虫。主要危害叶片。

(1)形态特征　成虫雌雄异形。雌蛾体长约 20 毫米,体褐色。雄蛾体长约 16 毫米,体黄褐色。卵圆筒形,灰白色,直径约 0.3 毫米,高约 1.3 毫米,约 200 粒围绕枝梢密集成一环状卵块,状似顶针,越冬后为深灰色。幼虫体长 50～55 毫米,体背中央有 1 条白色纵线,其两侧各有 1 条橙红色纵线,体上生有许多黄白色毛。初孵幼虫体黑色。蛹长 17～20 毫米,黄褐色,被有淡褐色短毛,外面包有黄白色丝茧,茧上附有粉状物。

(2)危害症状　以幼虫群集在枝杈处吐丝结网危害叶片,状似天幕。芽、叶被害后残缺不全,叶片集中成片被害,严重时,主、侧枝等大枝上的叶片被食光(图 7-15)。

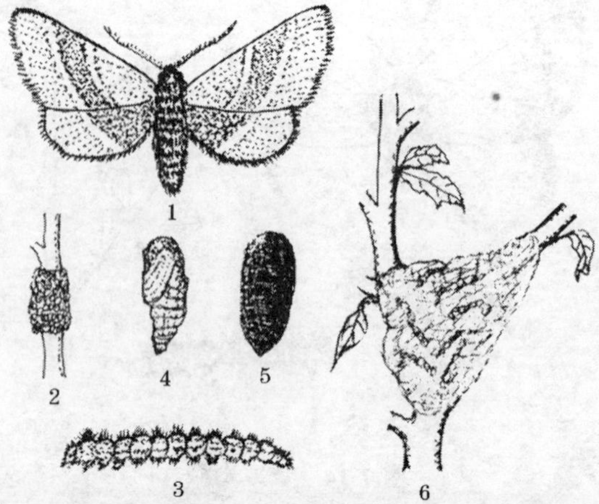

图 7-15　天幕毛虫

1. 成虫　2. 卵　3. 幼虫　4. 蛹　5. 茧　6. 被害状

(3)发生规律　1 年发生 1 代，樱桃展叶后，以完成胚胎发育的幼虫在卵壳中越冬。幼虫从卵壳中钻出，先在卵环附近吐丝张网并取食嫩叶、嫩芽。白天潜居网幕内，晚间出来取食。一处叶片食尽后，再移至另一处危害。幼虫期 6 龄左右，虫龄越大，取食量越大，易暴食成灾。近老熟时分散危害。幼虫老熟后，在叶背面或杂草中结茧化蛹，蛹期 12 天左右，羽化后在当年生枝条上产卵。

(4)防治方法　结合冬剪，剪除卵环带出园外烧毁。

在幼虫危害期及时发现幼虫群，人工捕捉或喷药防治。药剂防治可喷布 20%氰戊菊酯乳油 2 000 倍液，或 2.5%溴氰菊酯乳油 2 500 倍液。

6. 舟形毛虫　又称苹果天社蛾，举尾虫等，主要危害叶片。

(1)形态特征　雌蛾体长 30 毫米，翅展 50 毫米，雄蛾体小，全体黄白色。卵球形，直径约 1 毫米，初产时淡绿色，近孵化时呈灰褐色，常数十粒，整齐排成块，产于叶背。幼虫体长 50～55 毫米，静止时幼虫头、尾两端翘起似船形，初孵化幼虫土黄色，二龄后变紫红色。蛹体长约 23 毫米，暗红褐色。

(2)*危害症状*　以幼虫取食叶片，低龄幼虫咬食叶肉，被害叶片仅剩表皮和叶脉，呈网状；幼虫稍大便咬食全叶，仅剩下叶柄，发生严重时可将全树叶片吃光（图 7-16）。

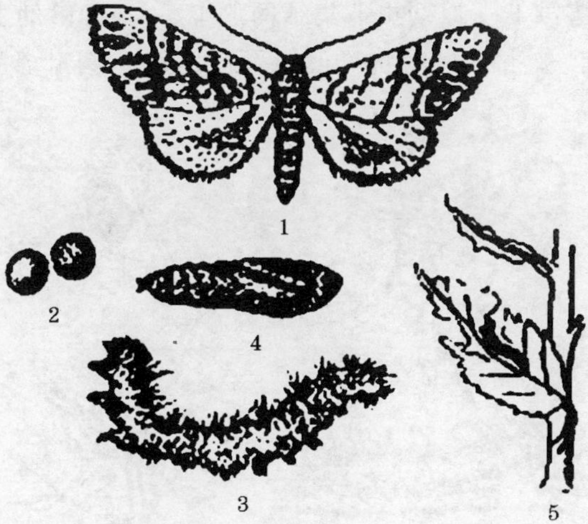

图 7-16　舟形毛虫

1. 成虫　2. 卵　3. 幼虫　4. 蛹　5. 被害状

(3)*发生规律*　1 年发生 1 代，以蛹在树下 7 厘米深土层内越冬，如果地表坚硬时，则在枯草丛中、落叶、土块或石块下越冬。翌年 7 月上旬至 8 月中旬羽化，交尾后 1～3 天产卵，卵产于叶背，卵期 7～8 天，幼虫三龄前群集于叶背，白天和夜间取食，群集静止的幼虫沿叶缘整齐排列，头尾上翘，受惊扰时成群吐丝下垂。三龄后逐渐分散取食。9 月份老熟幼虫沿树干爬下入土化蛹越冬。

(4)*防治方法*　一至三龄幼虫危害期摘除虫叶或振落幼虫，集中消灭。对虫群喷布 20%氰戊菊酯乳油 2 000 倍液，或 2.5%溴氰菊酯乳油 2 500 倍液，低龄幼虫可选用灭幼脲 3 号防治。

7. 美国白蛾 又名秋幕毛虫。食性杂，主要危害叶片。

(1)形态特征 成虫体长约 12 毫米，白色。卵近球形，浅绿色或淡黄绿色，300～500 粒成块。幼虫体长 25～30 毫米，头部黑色，体细长，具毛簇瘤。

(2)危害症状 以幼虫群集结网危害，一至四龄幼虫营网巢群集啃食叶肉，被害叶呈网状，五龄后分散危害，树叶常被吃光(图 7-17)。

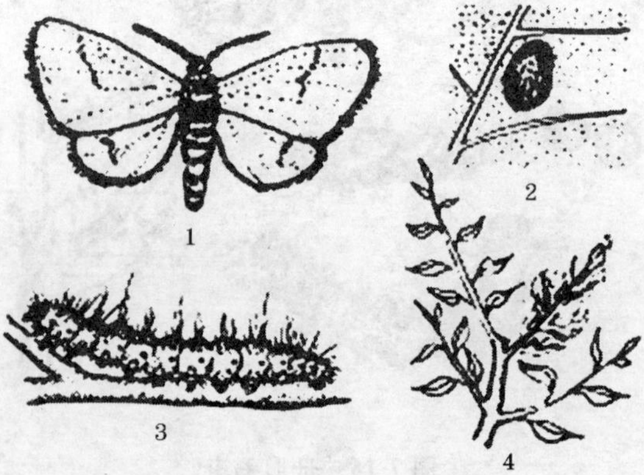

图 7-17 美国白蛾

1. 成虫 2. 卵 3. 幼虫 4. 被害状

(3)发生规律 1 年发生 2 代，以茧、蛹于树下各种缝隙、枯枝落叶中越冬。一代幼虫发生于 5 月下旬至 7 月份，第二代幼虫发生在 8～9 月份。成虫借风力传播，幼虫、蛹可随苗木、果品、林木及包装器材等运输扩散传播。

(4)防治方法 加强植物检疫工作；早春清扫果园、翻地、除草、刮皮等消灭越冬茧蛹；黑光灯诱杀；及时采收卵块，剪除烧毁虫巢卵块。

幼虫发生期喷洒2.5%溴氰菊酯乳油2500倍液，或20%除虫脲悬浮剂1500倍液防治。

8. 尺蠖　又称造桥虫、丈量虫，其种类主要有梨尺蠖和枣尺蠖等，尺蠖主要危害叶片。

(1)形态特征　梨尺蠖雌蛾体长7～12毫米，无翅，灰褐色，雄蛾体长9～15毫米，灰褐色。幼虫体长28～31毫米，灰黑色。枣尺蠖雌雄异形，雌蛾体长约15毫米，前后翅均退化，灰褐色，雄蛾体长约13毫米，体和翅灰褐色。卵椭圆形，初为浅绿色，近孵化时呈暗黑灰色，数十粒至数百粒聚集成块。老熟幼虫体长约40毫米，灰绿色。

(2)危害症状　梨尺蠖和枣尺蠖均以幼虫危害嫩枝、芽和叶片，被害叶呈缺刻状(图7-18)。

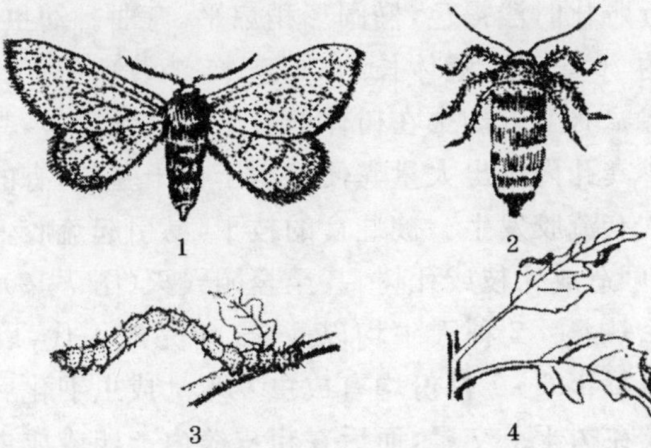

图7-18　梨尺蠖

1. 雄成虫　2. 雌成虫　3. 幼虫　4. 被害状

(3)发生规律　1年发生1代，以蛹在树下土中越冬，4月上中旬为羽化盛期，雌蛾傍晚顺着树干爬到树上，等待雄蛾交尾。卵多产在树冠枝杈、粗皮裂缝处。幼虫的危害盛期为撤除覆盖后。

(4)防治方法　人工捕捉幼虫，或在成虫羽化前，在树干基部缠塑料薄膜，阻止雌蛾上树。也可根据产卵习性，在塑料膜带下或在树裙下捆草绳 2 圈，或束草把诱集雌蛾产卵，每半个月更换 1 次草绳，集中烧毁，共换 3 次，更换时刮除树皮缝中的卵块。

在幼虫三龄前，树上喷布 25% 灭幼脲 3 号悬浮剂1 500～2 000 倍液。

9. 天牛　又称铁炮虫、哈虫。其种类很多，有桃红颈天牛、桑天牛和星天牛等，主要危害枝干。

(1)形态特征　桃红颈天牛成虫体长 28～37 毫米，雌成虫略大于雄成虫，黑色有光泽，前胸背部棕红色。卵乳白色，米粒状。幼虫初孵乳白色，近老熟时呈黄白色，体长 50 毫米左右。蛹体长约 36 毫米，淡黄色，近羽化时体色为黑褐色。桑天牛雌成虫体长约 46 毫米，雄成虫体长约 36 毫米，体黑褐色，密被暗黄色细绒毛。卵黄白色，近孵化时浅褐色，椭圆形稍扁平，弯曲。幼虫圆筒形，乳白色，体长约 70 毫米。蛹体长约 50 毫米，淡黄色。

(2)危害症状　以幼虫在树体的枝干内蛀食危害，粪便堵满虫道，有的从排粪孔内排出大量粪便堆积于树干基部，有的粪便从皮缝内挤出，常有流胶发生。被蛀食的枝干，易引起流胶，削弱树势，危害严重时可造成死枝或死树，甚至全园毁灭(图 7-19)。

(3)发生规律　2 种天牛均以 2～3 年完成 1 代，以幼虫在虫道内过冬，但每年 6～7 月份均有成虫发生。成虫羽化后多在树间活动、交尾或在树干上交尾，而后在粗皮缝内产卵或成虫做卵槽产卵，每次产卵 40～50 粒。成虫多在白天活动，中午最为活跃。卵期约 10 天，孵化后幼虫蛀入皮层取食危害，随虫体增长逐渐深入。大龄幼虫则在皮层和木质部取食危害，虫道一半在树皮部分，一半在木质部分；老熟幼虫则蛀入木质部做茧化蛹，蛹期约 30 天。成虫羽化后在虫道内停留几天后钻出。

(4)防治方法　人工挖除幼虫或捕捉成虫。经常检查树干，发现新鲜虫粪时及时用刀将幼虫挖出；在成虫羽化期捕捉成虫。

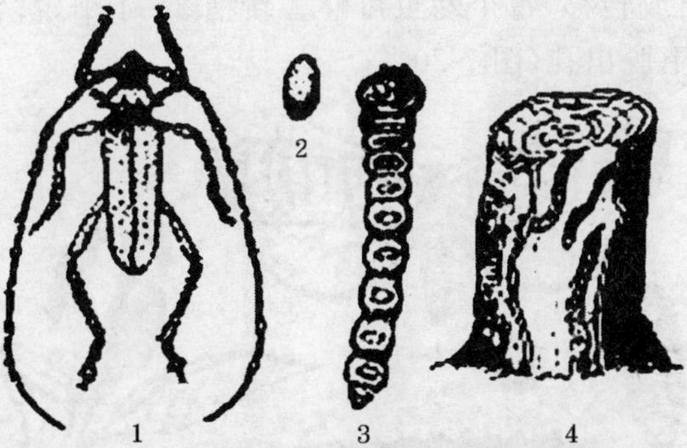

图 7-19　红颈天牛

1. 成虫　2. 卵　3. 幼虫　4. 被害状

熏杀幼虫 5～9 月份均可进行，找到深入木质部的虫孔，用铁丝钩出虫粪，塞入 1 克磷化铝药片，或塞入蘸敌敌畏的棉球后用泥将蛀孔堵死，可杀死深入木质部的老幼虫。虫口密度大时可用塑料薄膜将树干包扎严密，上下两头用绳扎紧，扎口处将粗皮刮平，扎口前放入磷化铝片，树干表面投放 50 克/米^2，磷化铝遇水放出磷化氢毒气，可以杀死皮内幼虫，一般皮层内及皮和木质间的幼虫均可杀死。

10. 梨小食心虫　又名折梢虫，简称梨小。主要危害嫩梢。

(1)*形态特征*　成虫体长 4～6 毫米，灰褐色。卵圆形至椭圆形，中央稍隆起，直径约 0.8 毫米，初产时为乳白色，半透明，以后变为淡黄色，孵化前可见到幼虫灰褐色的头部。低龄幼虫白色，随虫龄的增大，虫体稍呈粉红色，老熟幼虫体长 10～13 毫米，淡红色。蛹黄褐色，长 6.8～7.4 毫米。

(2)*危害症状*　以幼虫危害嫩梢，危害时多从新梢顶端叶柄基部蛀入髓部，由上向下取食，幼虫蛀入新梢后，蛀孔外面有虫粪排出和树胶流出，蛀孔以上的叶片逐渐萎蔫，以至干枯，此时幼虫已由梢内脱出或转移，每个幼虫可蛀害新梢 3～4 个，被害新梢多数中空，并留下脱出孔（图 7-20）。

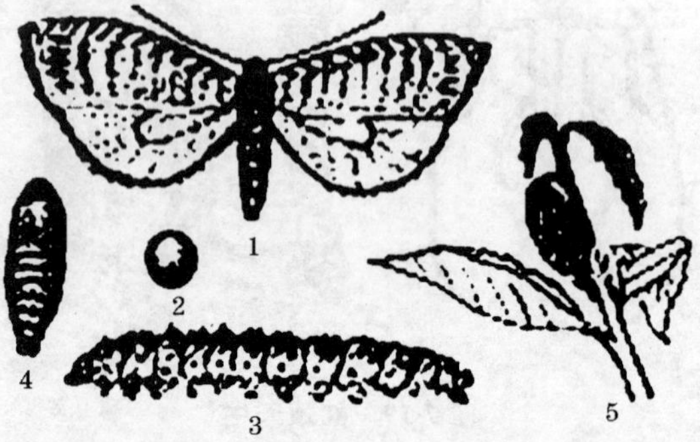

图 7-20　梨小食心虫

1. 成虫　2. 卵　3. 幼虫　4. 蛹　5. 被害状

（3）*发生规律*　1 年发生 3～4 代，以老熟幼虫在树皮缝内和其他隐蔽场所做茧越冬。早春 4 月中旬越冬幼虫开始化蛹，5 月中下旬第一代幼虫开始危害。危害樱桃的是第二、第三代幼虫，出现在 7 月上旬至 9 月上旬，为严重危害期。尤其是苗圃发生危害较重，雨水多，湿度大的年份有利成虫产卵，发生危害加重。

（4）*防治方法*　在被害新梢顶端叶片萎蔫时，及时摘掉有虫新梢，带出园外深埋。

用糖醋液诱杀成虫。在各代成虫发生期，取红糖 1 份、醋 2 份、水 10～15 份，混合均匀后，盛入直径为 15 厘米左右的大碗内，用细铁丝将碗悬挂在树上或支架上，诱使成虫投入碗中淹死，每日及时捡出死亡成虫，每 667 米^2 挂碗 5～10 个。

当诱蛾量达到高峰时，3～5 天后是喷药防治适期，可选用 30％桃小灵乳油 2 000 倍液，或 25％灭幼脲 3 号悬浮液 1 500 倍液，或 10％氯氰菊酯乳油 2 000 倍液防治。

11. 潜叶蛾　又名桃线潜蛾，简称桃潜蛾。主要危害叶片。

(1)形态特征　成虫体长3～4毫米,银白色。卵球形,乳白色。幼虫体长4.8～6毫米,淡绿色。蛹长5～5.5毫米,圆锥形。茧长约6毫米,近菱形,白色,茧外罩“工”字形丝帐,悬挂于叶背,从茧外可透视幼虫或蛹的体色。

(2)危害症状　以幼虫潜入叶片内取食叶肉,使叶片留下宽约1毫米的条状弯曲的虫道,粪便排在虫道的后边,一片叶可有数头幼虫,但虫道不交叉,严重时叶片破碎,干枯脱落(图7-21)。

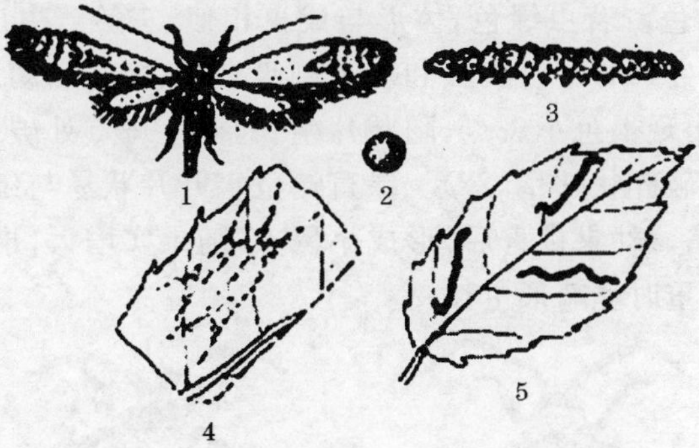

图7-21　潜叶蛾

1. 成虫　2. 卵　3. 幼虫　4. 茧　5. 被害状

(3)发生规律　发生代数各地不一,一般为5～7代,以蛹在被害叶上结茧内越冬。展叶后开始羽化,卵散产于叶表皮内。幼虫孵化后即蛀入叶肉危害,幼虫老熟后咬破表皮爬出,吐丝下垂在下部叶片背面做茧,幼虫在茧内化蛹。桃潜叶蛾在温室罩膜期间很少发生,揭膜后8月份至9月下旬发生较重。完成1代需23～30天。幼虫喜欢危害嫩叶,以梢顶端4～5片叶受害较重,多则一片叶上有3～5头幼虫,大发生时,秋梢上的叶片几乎全部被害,使叶片破裂脱落。

(4)防治方法　清除枯枝落叶,带出园外集中烧毁,消灭越冬虫源。

在发生初期喷药防治，可喷布25%灭幼脲3号悬浮剂1 500倍液，或30%蛾螨灵可湿性粉剂1 500倍液，或20%杀铃脲悬浮剂5 000倍液。

12. 绿盲蝽　又称绿椿象，小臭虫，属杂食性害虫。主要危害嫩梢和嫩叶。

(1)形态特征　成虫体长约5毫米，绿色。卵口袋状，长约1毫米，黄绿色。若虫绿色，体形与成虫相似，三龄若虫出现翅芽。

(2)危害症状　以成虫和若虫刺吸嫩梢、嫩叶和幼果的汁液。被害处初出现褐色小斑点，随叶片生长，褐色斑点处破裂，轻则穿孔，重则呈破碎状(图7-22)。绿盲蝽危害叶片状易与细菌性穿孔病症状混淆。幼果被害后，形成小黑点，随果实增大，出现不规则的锈斑，严重时呈畸形生长。

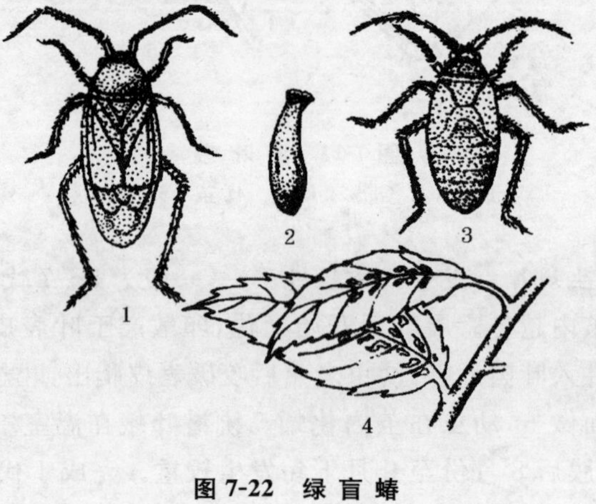

图7-22　绿盲蝽

1. 成虫　2. 卵　3. 幼虫　4. 被害状

(3)发生规律　1年发生3～5代，以卵在剪锯口、断枝、茎髓部越冬。露地早春4月上旬越冬卵开始孵化，5月上旬开始出现成虫，并产卵繁殖与危害。温室内一般在展叶后开始发生危害。成虫活动敏捷，受惊后迅速躲避，不易被发现。绿盲蝽有趋嫩、趋湿习性，无嫩梢时则转移至杂草及蔬菜上危害。

(4)防治方法　清除杂草，降低园内湿度。发现新梢嫩叶有褐色斑点时，可喷布10％吡虫啉可湿性粉剂3 000倍液，或2.5％吡虫啉可湿性粉剂2 000倍液。

13. 梨网蝽　俗称梨花网蝽、军配虫和麻牛牛。主要危害叶片。

(1)形态特征　成虫体长约3.5毫米，黑褐色。前胸两侧扩张呈扇状，上有网状花纹。卵椭圆形，一端弯曲，长约0.6毫米，淡黄色，产于叶背组织内，从叶片背面看，只能见到黑色的小斑点（卵的开口处）。若虫与成虫相似，无翅。

(2)危害症状　以成虫和若虫在叶背面吸食汁液，使叶片失绿，正面呈现苍白斑点，叶背布满黑褐色粪便，受害严重时，使叶片变成褐色，造成枯落（图7-23）。

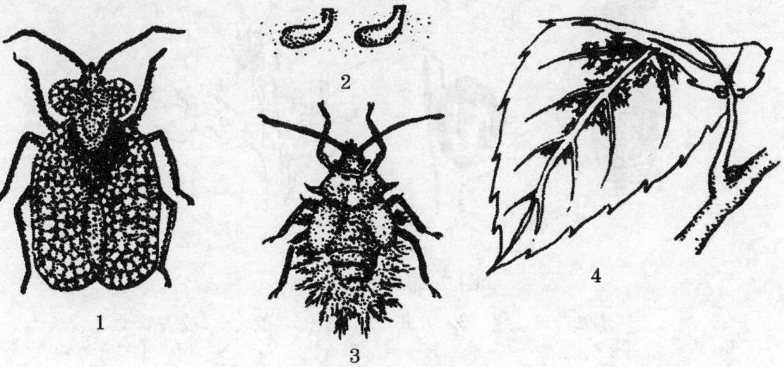

图7-23　梨网蝽

1. 成虫　2. 卵　3. 幼虫　4. 被害状

(3)发生规律　1年发生3～4代，以成虫在落叶、树干翘皮裂缝、杂草、土块缝隙中越冬。樱桃展叶后越冬成虫开始出现，产卵于叶片背面叶脉两侧。若虫孵化后群集危害，四龄后分散危害。从6～10月份各虫态都同时存在，以6～8月份发生危害最重。

(4)防治方法　彻底清园，清除落叶杂草、刮除翘皮、清除后翻树盘消灭越冬成虫。

越冬成虫出蛰上树时和第一代若虫全部孵出，而第一代成虫仅个别出现时喷药防治。可喷布20%氰戊菊酯乳油2 000倍液，结合防治叶螨还可喷布20%甲氰菊酯乳油2 000倍液。

14. 刺蛾　俗称洋辣子。其种类很多，有黄刺蛾、青刺蛾和扁刺蛾等，其中以黄刺蛾发生普遍。主要危害叶片(图7-24和图7-25)。

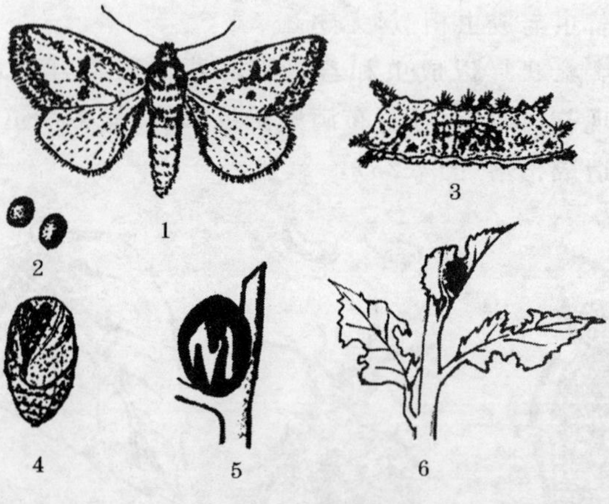

图7-24　黄刺蛾

1. 成虫　2. 卵　3. 幼虫　4. 蛹　5. 茧　6. 被害状

(1)形态特征　黄刺蛾成虫黄色，前翅内半部黄色，外半部黄褐色，顶角处有一“人”字形斑斜伸向后缘，体长14～15毫米。卵椭圆形，扁平，长径1毫米左右，黄绿色。幼虫黄绿色，体背有紫褐色哑铃形大斑，体长25毫米左右。蛹椭圆形，黄褐色，体长约12

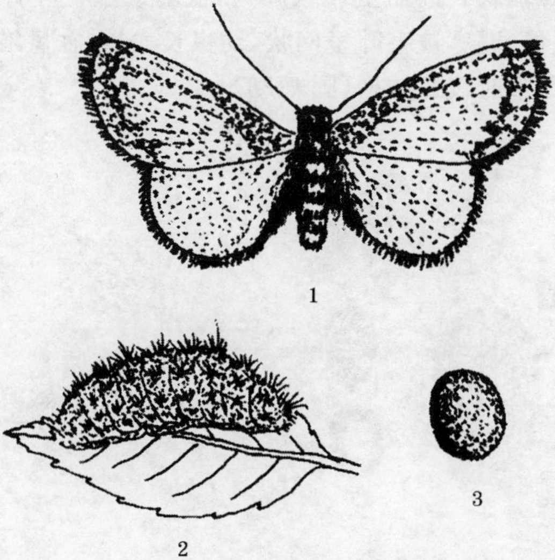

图 7-25　青刺蛾

1. 成虫　2. 幼虫　3. 茧

毫米。茧卵圆形似雀蛋,质地坚硬,表面光滑,灰白色,有 3～5 条褐色长短不一的斑纹。

青刺蛾成虫头胸部绿色,背中有一浅褐色纵线。前翅绿色,基部褐色外缘浅褐色,其边缘为波纹状,呈二度曲折,体长约 16 毫米。卵椭圆形,扁平,黄白色,长径约 1.5 毫米。幼虫头部黄褐色,体黄绿色,体长约 25 毫米。蛹椭圆形,黄褐色,体长约 13 毫米。茧卵圆形,灰褐色。

扁刺蛾成虫灰褐色。前翅自前缘至后缘有 1 条向内倾斜的褐色条纹,前翅斜纹内侧略靠上方有一褐点,体长 13～18 毫米。卵椭圆形,扁平,长径 0.5 毫米左右,黄白色。幼虫体长 25 毫米左右,扁椭圆形,背稍隆起。体绿色,背线白色,边缘蓝色。蛹体长约 13 毫米,近椭圆形,黄褐色。茧椭圆形,似雀蛋,暗褐色。

(2)危害症状　以幼虫取食叶肉，低龄幼虫在叶背啃食叶肉，残留上表皮或叶脉，被害叶呈网状，幼虫长大后，食量增加，叶片被咬成缺刻，严重时仅留叶柄(图 7-26)。

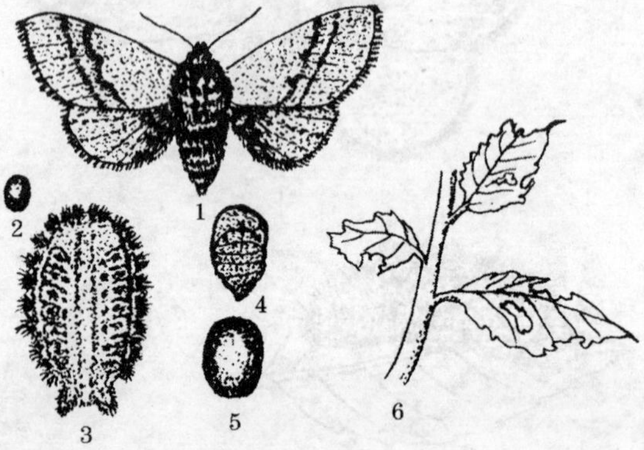

图 7-26　扁刺蛾

1. 成虫　2. 卵　3. 幼虫　4. 蛹　5. 茧　6. 被害状

(3)发生规律　1 年发生 1～2 代，以老熟幼虫在枝条及枝杈处结茧越冬，只有扁刺蛾以幼虫在树下 3～6 厘米深处土内结茧越冬。樱桃展叶后幼虫开始化蛹，5 月末或 6 月上旬成虫开始羽化，产卵于叶片背面。幼虫孵化后群集危害，长大后分散危害。6 月中下旬至 8 月上旬为幼虫危害期。温室扣棚期间一般不发生危害。

(4)防治方法　结合修剪摘除枝条上的越冬虫茧，带出园外烧毁。

幼虫发生期喷药防治。可喷布 20%氰戊菊酯乳油 2 000 倍液，结合防治叶螨还可喷布 20%甲氰菊酯乳油 2 000 倍液。

15. 大青叶蝉　又名跳蝉、大绿叶蝉、大绿浮尘子。主要危害枝条。

(1)形态特征　成虫体绿色,复眼大,黑褐色,头顶有两个红色单眼,前翅绿色,端部色淡半透明。前翅、后翅及腹部背面为黑色。体长 7～10 毫米。卵香蕉状,长约 1 毫米,初产时乳白色,孵化前出现红色眼点。若虫共 5 龄,一龄若虫灰白色,三龄若虫黄绿色,五龄时体长 7 毫米,似成虫。

(2)危害症状　以成虫和若虫吸食枝、叶汁液,晚秋成虫越冬产卵时,用锯状产卵器将枝条皮层上划成弯月形开口在其内产卵,造成枝干损伤,形成泡状突起伤疤,使枝条失水,轻者生长衰弱,重者抽干枯死(图 7-27)。

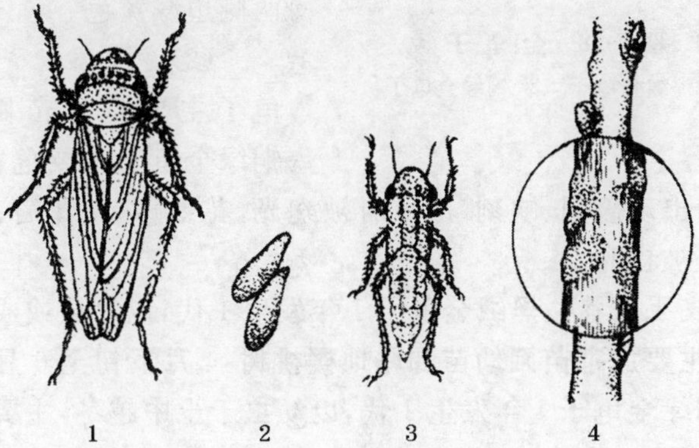

图 7-27　大青叶蝉

1. 成虫　2. 卵　3. 若虫　4. 被害状

(3)发生规律　1 年发生 3 代,以卵在枝干的皮层下越冬,春季孵化为若虫,若虫和成虫以杂草为食,果树发芽后迁至树上危害,第一代成虫发生在 5 月份,第二代为 7 月份,第三代在 9～10 月份出现。

(4)防治方法　防治重要时期为 9～10 月份,可选用 10%吡虫啉可湿性粉剂 2 000 倍液,或 20%氰戊菊酯乳油 2 000 倍液防治。

16. 金龟子　俗称瞎撞、金壳虫、金盖虫等。其种类很多，有黑绒金龟子和铜绿金龟子等（图 7-28），主要危害花、叶片及果实。

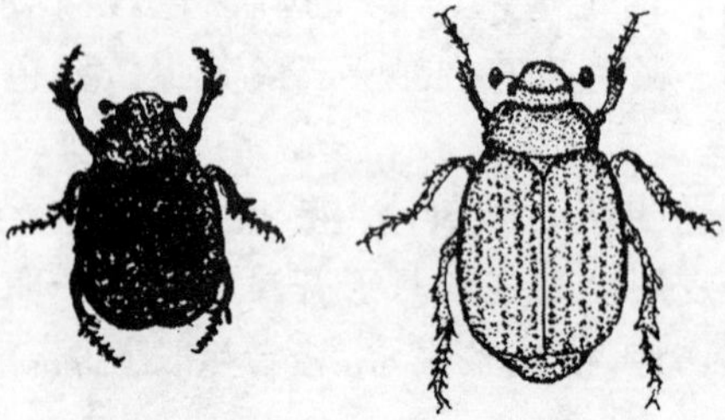

1　　2

图 7-28　金龟子

1. 黑绒金龟子　2. 铜绿金龟子

（1）形态特征　黑绒金龟子成虫体长约 8 毫米，黑褐色，密被短绒毛，有光泽，俗称缎子马褂，鞘翅上有纵行隆起线。铜绿金龟子成虫体长 18 毫米左右，背面铜绿色，有光泽，前胸背板两侧边缘黄色。

（2）危害症状　黑绒金龟子主要危害苗圃幼苗。铜绿金龟子主要危害叶片。受害叶片出现破洞、缺刻，严重时被吃光，花受害后，花瓣、雄雌蕊和子房全被食光。

（3）发生规律　黑绒金龟子 1 年发生 1 代，以幼虫或成虫于土中越冬，主要危害苗圃幼苗和露地樱桃树，4 月下旬至 6 月上旬危害重。铜绿金龟子 1 年发生 1 代，以幼虫于土中越冬，主要危害露地樱桃叶片，5 月下旬至 6 月中旬危害重。

（4）防治方法　成虫发生期，利用其假死习性，组织人力于清晨或傍晚振落捕杀，集中消灭。发生期喷 10％乙氰菊酯乳油 500～1 000 倍液防治。

苗圃发生黑绒金龟子时，还可用长约 60 厘米的杨树枝蘸 50％敌敌畏乳油 500 倍液（蘸 2 小时），然后分散安插在苗圃内诱杀成虫。

17. 象甲　俗称象鼻虫、尖嘴虫、放牛小、灰老道。其种类很多，有大灰象甲和蒙古灰象甲等，主要危害嫩芽和嫩叶，是苗圃内春季发生的主要害虫。

(1)形态特征　大灰象甲成虫体长约10毫米,全体密被灰白色鳞毛,头管粗短,鞘翅卵圆形,末端较尖,每侧各有10条刻点,并有明显的褐色短纵斑纹。蒙古灰象甲成虫体长约7毫米,灰褐色。头管较粗,表面有一纵沟,鞘翅略呈卵形,末端稍尖,表面密生黄褐色绒毛,并散生有褐色鳞片与绒毛,形成不规则的斑纹,并有10条刻点。

(2)危害症状　以成虫危害苗木的新芽、嫩叶,被害新芽不萌发枝条,重则全部吃光(图7-29)。

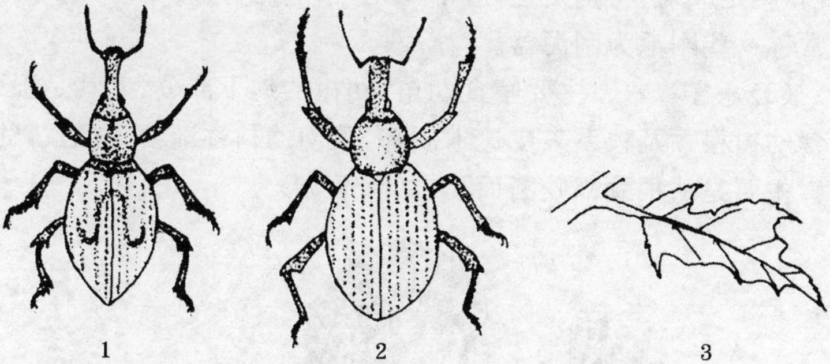

图7-29　象　甲

1. 大灰象甲　2. 蒙古灰象甲　3. 被害状

(3)发生规律　1年发生1代,以成虫在土内越冬,4月份出蛰,先取食杂草,树体发芽后,爬行至树上危害新芽和叶片。6月份大量产卵于叶背,少量产卵于土内。幼虫取食细根和腐殖质,并做土室化蛹,羽化后的成虫当年不出土,即进入越冬状态。

(4)防治方法　早晨或傍晚人工捕杀树上成虫,集中消灭。

为防止当年定植苗木的嫩芽、幼叶受害。定植后于苗木主干基部接近地面处,用报纸扎一伞状纸套,阻止上芽危害,或套塑料袋防止危害。

成虫出土前，在树干周围地面撒5%辛硫磷颗粒剂1.5～2.5千克加细土拌匀，均匀撒于地面，或2.5%敌百虫粉剂，每株幼树用粉剂100克。成虫发生期喷布50%辛硫磷乳油1 500倍液，或50%杀螟硫磷乳油1 000倍液防治。

18. 蛴螬类害虫　俗称蛭虫、大脑袋虫、鸡粪虫，是金龟子的幼虫，其种类很多，主要危害根茎。

(1)形态特征　以大黑金龟子、朝鲜金龟子、铜绿金龟子等幼虫发生普遍。幼虫体乳白色，头赤褐色或黄褐色，体弯曲，体壁多皱褶，胸足3对，特别发达，腹部无足，末端肥大，腹面有许多刚毛，通常称这些刚毛为刮泥器。

(2)危害症状　主要啃食幼苗、幼树的地下部分，尤其是根颈，啃食幼树根颈及根系表皮达木质部，致使幼树逐渐萎蔫死亡，幼苗受害主要是从根颈部咬断而死亡(图7-30)。

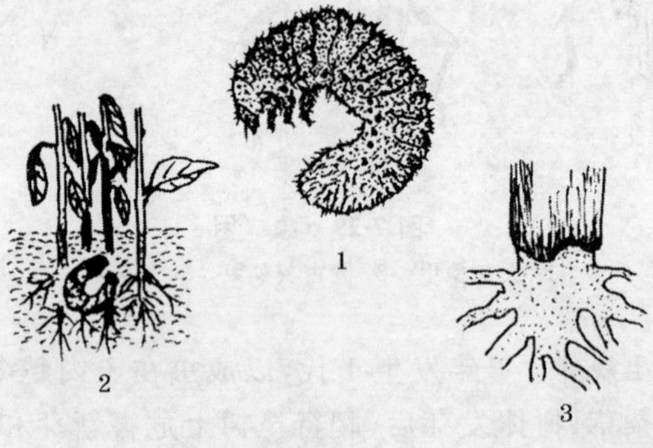

图7-30　蛴　螬

1. 蛴螬　2. 幼苗被害状　3. 幼树根系被害状

(3)发生规律　越冬蛴螬于春季当10厘米地温达10℃左右时，开始上升至土壤表层，地温20℃左右时，主要在土壤内10厘米以上活动取食，秋季地温下降至10℃以下时，又移向深处的不冻土层内越冬。

(4)防治方法 结合松土翻树盘,捡出幼虫,集中消灭。发现幼苗萎蔫时,将根茎周围的土扒开捕捉幼虫。虫口密度大的苗圃地,每 667 米^2 用 5%辛硫磷颗粒剂约 2 千克,播种时进行沟施,勿与种子接触。发现危害,采用灌药方法防治,可用 50%辛硫磷乳油 1 000 倍液灌注根际,每株用药液 200 毫升为宜。

二、缺素症防治

由于栽植在不同类型土壤中和多年生长后的大樱桃,常因缺乏某种营养元素而表现出的病症,而实际上并不是病,在给予相应的营养后,便可以大大缓解或消失。

(一)缺 镁

缺镁首先发生在老叶上,为叶脉间失绿黄化,严重时整个叶片黄化,并引起早期落叶。

1. 发病条件 在酸性条件下,镁经雨水很容易淋失,因此缺镁常常发生在中雨量或高雨量区的酸性沙质土上。镁与钾之间存在拮抗关系,多施钾肥时,加重缺镁程度。氮肥与镁肥有很好的相辅作用,施镁的同时适量施氮肥有助于镁的吸收。

2. 防治方法 秋季土施硫酸镁与有机肥一同施入;叶面喷施 1.5%硫酸镁溶液,自花后开始,每周 1 次,喷 2～3 次。

(二)缺 硼

缺硼主要表现在先端幼叶和果实上。缺硼时,幼叶脉间失绿,果实出现畸形,严重时果肉呈海绵状,无种子等。

1. 发病条件 在施氮、钾、钙多的情况下,影响硼的吸收易缺硼。干旱少水的情况下降低土壤中硼的有效性易缺硼。

2. 防治方法　秋季土施硼砂与有机肥一同施入；叶面喷施是于开花前1～2周开始至采收前喷2～3次，浓度为0.2%～0.3%。

（三）缺　铁

缺铁主要表现在嫩叶上，开始叶肉变黄，叶脉呈绿色网纹状失绿，随病势发展，失绿程度加重，整叶变成黄白色，叶缘枯焦引起落叶，新梢顶端枯死。

1. 发病条件　土壤盐碱较重易缺铁。

2. 防治方法　叶面喷施0.3%～0.5%硫酸亚铁溶液。

第八章 采收与包装

一、采收时期与方法

保护地栽培的大樱桃主要用于鲜食，一般不需要长期贮藏。就地销售的，必须使果实达到充分成熟，在表现出本品种应有的色、香、味等特征时采收；外销的，则在果实达九成熟时采收较为合适，比在当地销售提前2～3天即可。

保护地大樱桃成熟期是通过鉴定该品种的风味、果实大小和着色情况来确定的。其中果皮色泽和品质是鉴定成熟度最可靠的指标，对每个品种，首先依据其果皮色泽的变化来确定采收期。红色品种，当果面全部着鲜红色时即可采收，黄色品种，当果面底色变黄，阳面着红色时即可采收。其次可根据口感来确定采收期。

大樱桃果实的成熟期，常因其在树冠中的位置和着生果枝的类型不同，而早晚不一。此外，大樱桃每丛花能着1～6个果，这些果实着生早晚不同，成熟也不一致。所以，要分期进行采收。大樱桃的果实不耐贮运，不抗机械损伤，因此，主要靠人工来采收果实，采收时要严格掌握轻采轻放。采收时，用手拇指和食指捏住果柄基部，轻轻掀起便可采下，注意不要折断短果枝。采下的果实轻轻放到果篮中，然后集中放在包装场地进行挑选。主要剔除枯花瓣、枯叶和小果、病虫果及畸形果，再进行分级包装。挑选时注意不要刺伤其他果实。

二、分级包装

大樱桃采收后必须经过分级方可进行包装出售，这样能保证商品质量，既符合果农的利益，也有利于消费者。先把充分成熟的果实选出在当地销售。然后根据果个大小、果形、色泽、果梗、机械伤等指标把果实分级。果形上要求具有本品种典型的果形，无畸形果或有少量畸形果；要求果面鲜艳光洁，无磨伤、果锈、污斑、日灼；带有完整新鲜的果梗，不脱落；另外，要无伤口，无挤压伤，无病虫害。

大樱桃是水果中珍品之一，保护地大樱桃果实上市又正值市场鲜果供应的淡季，采用合理、精美的包装，不仅可以减少运销损失，而且可以保持新鲜的品质，提高商品价值。

包装材料多采用纸箱、纸盒、泡沫箱或塑料盒等。包装箱不宜过大，以 5 千克、2.5 千克、1 千克规格为宜。果实包装好后，还要根据运输距离的远近进行外包装。外包装材料最好是方格木箱、纤维板箱等。木箱的规格不要太大，而且一定要耐压、抗碰撞。

第九章 生产中存在的问题与对策

温室和大棚大樱桃生产中的问题主要有3个，一是落花落果，二是隔年结果，三是各种灾害。这3方面问题严重影响栽培效益，但并不是难以解决的问题。

一、落花落果

(一)落花落果原因

温室和大棚大樱桃的落花落果原因是多方面的，关于这方面的试验研究和生产经验文章很多，归纳起来有6个方面：一是休眠期需冷量不足；二是授粉树配置不当；三是树体贮藏营养不足；四是升温速度过快；五是花期温度过高，湿度过低；六是果实硬核期缺水。这6方面的问题会引起落果不容置疑，但也有不确切或不准确的论述，其中升温速度过快就没有明确开始升温至初花的时间是多少，果实硬核期不能缺水的指标也有待探讨和研究，因为在生产中管理者都非常重视这6个方面的管理，都能规范操作，但有的温室还是有不同程度的落果，经过对落果较重的温室和大棚的调查发现，原因有以下几方面。

1. 灌水时间过早、灌水量过大 是引起落果的主要原因。果农们在管理中是依据资料中强调的“落花后当果实发育如黄豆粒大小时，可进行灌水、补充水分”；“防止旱黄落果目前主要采取硬核前后勤灌水的方法";"硬核水,在落花后果实如高粱米粒大小时进行。此期大樱桃生长发育最旺盛,对水分的供应最敏感,灌水对果实的产量和品质都有很大影响。此期土壤含水量不足,就会发生幼果早衰、脱落"等,之所以没有一户果农和园区忽视幼果期的灌水,甚至有的果农和园区在花后 5~7 天就大水漫灌,还有的果农在花还没有落完就灌水,这种管理观念在辽宁、河北的北部地区、陕西、吉林、黑龙江等地常见,结果是灌水越早、越勤,灌水量越大落果越重,严重时落果率高达 80%以上。

辽宁省果树研究所对大樱桃早期灌水试验证明,落花至硬核前这一时期灌水(漫灌)都有不同程度的落果,尤其是地面覆地膜的和大水漫灌的温室和大棚,落果更严重。灌水时期过早,灌水量过大不但会引起萎黄落果,还会发生新梢徒长,降低花芽分化率现象,经试验表明,硬核前平均每株树的灌水量在 200~500 升的,落果率可达 50%~90%,新梢节间平均长 5.2 厘米(正常为 3.1 厘米),花芽分化率降低 50%~80%。对因灌水造成的落果调查还发现,果梗绿色不易脱落,解剖种仁可看到种皮褐色,种仁浅褐色或白色,呈胶液状,而露地旱黄落果的症状是果梗变黄易脱落,种皮白色,种仁干缩失水状。综上分析生理方面的原因,温室和大棚大樱桃的落果是因灌水过早过多,使正处在迅速生长期的新梢过旺生长,新梢的徒长争夺了树体内大量的养分和生长素,幼果得不到充足的养分和生长素而出现萎黄症状,尤其是种仁坏死后不能产生赤霉素调运和产生养分供果实生长,而发生萎黄落果,新梢徒长不但抑制果实发育,也抑制花芽的分化。

试验与调查结果还表明,在落花 20 天后采取小水漫灌、滴灌或树盘挖沟(坑)灌水的,都不会引起落果,即使在果实着色前不灌水(温室花前 5~7 天灌 1 次),也不会有严重的落果现象,只不过表现果个小而已。

2. 药害或肥害　花期喷施过量坐果剂,或在温室内温度高、不通风条件下喷施杀虫剂，地面撒施各种易产生气体的肥料等，引起叶片或果实伤害，导致落花落果。

3. 花芽发育过度或老化 温室和大棚较露地栽培，树体提早发育2～3个月，生育期的延长和在历经夏季高温和干燥以及降雨量大时，发生后期分化（也称发育过度或后期发育或老化），秋季时表现花芽外部的鳞片干枯，或花芽膨大而未开；升温后开花不整齐、花柄短、柱头先伸出花蕾等症状，因而出现虽然开花多却坐果很少的现象。

(二)防止落花落果的关键措施

1. 适时适量灌水 温室和大棚大樱桃花后的灌水时期不可早于硬核前，硬核后每次灌水量，6～7年生以上结果大树每株不应超过50升，3～5年生结果幼树不应超过30升，要少量多次，尤其是覆地膜的和土壤黏重的，可减少水量和灌水次数。另外，还要根据各品种的硬核期决定灌水时间，也就是分品种按株灌水。

2. 改变传统的灌溉方法 花后至采收期，最好的灌水方法是在树盘四周或两侧挖3～4个深20厘米左右的沟或坑灌水，待水渗下后埋土，保持棚内地面干燥。或将树盘分成两半，每次灌一半（畦灌）。

3. 加强综合管理措施 防止落花落果还应强调升温速度的时间期限、升温至花期的温湿度指标、地温指标、整形修剪的时间和方法等。从升温至开花须30～40天的时间，少于30天、温度长时间高于20℃、湿度经常低于30%，落花落果就严重；升温至开花期最好不覆地膜，并且在晴天时每天要向地面喷水1～2次；花期遇到短时间降温，在棚内温度不低于0℃时，不必要进行人工加温（暖气和空调除外）；休眠期间棚内土壤不应结冻；萌芽期地温不低于5℃～7℃；花期注意花腐病的防治；花后1周以后随时对过旺新梢进行摘心或拿枝，随时疏除过多的萌蘖和有可能成为竞争枝的徒长枝，抑制营养生长过旺，减少养分消耗。

二、隔年结果

（一）隔年结果原因

隔年结果也称大小年结果，表现在扣棚第一年结果多、产量高，第二年结果少、产量低，于是栽培者便采取隔年（或隔2～3年）扣棚的方法来管理，这种管理方法在辽宁大连和山东比较多，产生这种现象的原因有以下几方面。

1. 栽培者对大樱桃的花芽分化时期的认识有误，肥水供应时期不当　多数栽培者认为大樱桃的花芽分化是在采收后开始的，于是只注重采收后的肥水供应，而实际中不论怎样加强采收后的肥水管理，也不能使大樱桃再形成更多的花芽。据辽宁省果树研究所对在大樱桃花芽分化进程开展的研究，发现大樱桃花芽的生理分化是在花后20～25天开始，不同品种稍有差异。果实成熟时，可以见到花芽的外部形态，花芽分化期也正是幼果膨大期，也就是说花芽的生理分化与果实生长同步，所需的养分时期集中，需求量大，在贮藏养分耗尽，花前施肥还没完全转化吸收（温室栽培大樱桃，根系生长比露地晚5～10天）的情况下，养分的不足就影响了花芽分化，而栽培者却在采收后供肥供水促花芽分化，必然会出现花芽数量少的现象而形成小年。

2. 负载量大，肥水供应不足　对于小水果的大樱桃，栽培者大多没有疏花疏果的习惯，尤其是保护地，栽培者都怕坐不住果，任其开花结果，开多少留多少，结多少留多少，据调查，辽宁金州区和山东烟台、蓬莱的部分果农，株行距3米×4米的株产高达30～50千克，甚至个别大树株产达70千克以上，对这样的温室和大棚，在采收后2个月调查花芽量，只有上年的30%左右，这说明过量的负载，消耗了大量养分，使结果与花芽分化的关系失去了平衡，因为果实的生长与花芽的分化是同步进行，此期养分不足抑制了花芽的形成；另一方面还因为正在发育的种子中所产生的赤霉素有抑制花芽分化的作用，大年结果多，种子中产生的赤霉素数量也就越多，对花芽分化的抑制作用也就越强，致使当年花芽数量减少，表现了翌年结果少的现象而形成小年。

3. 受二次开花的影响 二次开花也称倒开花，也就是在采收后陆续发生开花的现象，严重时开花率达80%左右，花芽开花率约50%，可持续开到秋季，而造成翌年开花数量少而形成小年。

引起二次开花的原因很多，主要是叶片受害和采后修剪过重引起，此外还有旱灾和涝灾的危害。叶片受害有2个原因，一是撤膜期间防风锻炼的时间短，或过早过急。环境条件的急剧变化使树体和叶片发生晒伤，叶片边缘干枯坏死或叶表皮、叶肉坏死。二是受叶斑病和二斑叶螨及卷叶虫危害，致使叶片发生枯焦坏死和失绿以及被啃食缺刻而提早落叶。另外采收后修剪会引起不同程度的二次开花，尤其是修剪量过大和短截结果枝条。据调查采后修剪过重的温室开花株率达80%以上，短截结果枝条的开花枝率达100%，这说明采收后任何时候过重修剪和短截结果枝条都会发生二次开花现象。

4. 过量施用坐果剂，抑制了花芽分化 过量或多次喷施以赤霉素、赤霉酸为主的植物生长调节剂类坐果剂，虽然可以达到当年坐果累累的目的，但当年形成的花芽数量明显减少，严重的可减少70%以上。同时对树体造成伤害，表现当年叶片狭长卷曲、枝条节间长、果梗粗、果肉薄、果形不正，影响翌年正常开花结果，严重时还会造成死树现象发生。

以上多种原因引起了严重的隔年结果现象，无疑生产中便必然采取隔年扣棚的生产方法。辽宁省大连地区和山东省烟台、蓬莱等地区的很多果农，都是用两个棚轮流生产，尤其是山东部分果农的单栋大棚或连栋大棚，都是隔年或隔 2～3 年扣一次棚生产，哪年花芽多，就哪年扣棚。这种管理方法对于露地适栽区可以，虽然隔年扣棚也不会增加额外投资，不影响增收，但对于露地不能安全越冬的地区，冬季需扣棚保护，无形中就增加了投资成本，也造成了年收入的不平衡。

（二）杜绝隔年结果的关键措施

1. 花芽分化期补充磷钾以及微量元素肥　在进行秋施肥和萌芽前施肥的正常管理下，应在花后 10 天左右开始每隔 7～10 天叶面喷施 1 次磷、钾肥，或多种微量元素肥，至采收后 20～30 天止，共喷 5～6 次，叶面肥可选择不含氮肥的磷酸二氢钾和活力素等交替使用，采收后的叶面肥中还必须加入尿素 500 倍液，以防止叶片和花芽老化。

2. 注意疏花芽、花蕾，合理负载　疏花芽、花蕾可以减少养分的无谓消耗和保持合理的负载量。当花芽膨大时，及时疏除花束状果枝和中短果枝基部的瘦小花芽，平均每个花束状果枝留 3 个花芽为宜。当花芽现蕾后，疏除花芽中最小、现蕾最晚的花蕾，每个花芽中留 3 个花蕾为宜。2 米×2～3 米的株行距，株产保持在 5～10 千克；2.5～3 米×4 米的株行距，株产保持在 15～20 千克为宜；此外，还应考虑树龄，6 年生以下每 667 米^2 产 300～400 千克，7 年生以上每 667 米^2 产 500～600 千克为宜。

3. 采收后注意防风锻炼，适时除膜　采收后外界温度不低于 10℃时才可以开始逐渐撤膜，也就是扒膜通风，从地脚向上撤或上下同时向中间撤，每 2～3 天扒开 0.5 米宽，15～20 天后外界温度不低于 15℃时，选择多云无风或阴天无风时撤掉棚膜。

4. 采收后注意防治病虫害　采收后进入露地管理期间，注意预防二斑叶螨和各种叶斑病的发生，及早发现及早防治，一般喷 1～2 次阿维菌素，喷 2～3 次波尔多液和 1～2 次其他杀菌剂，基本可以根治，发生卷叶虫时随时采取人工捏治的方法防治。

5. 萌芽至采收期完成生长期整形修剪作业 萌芽期拉枝，花后对主、侧枝背上直立新梢多次摘心、拿枝或疏除；及时摘除剪锯口处过多萌蘖；采收后尽量不修剪，如果树体上部徒长枝多或主干上萌发出多余徒长枝可少量疏除。

6. 防止花芽老化 除了采收后叶面喷施氮肥外，还要防止过于干旱和提早落叶。如果花芽老化严重可在翌年的花芽膨大期，对老化的花芽喷施1次赤霉素。

三、保护地灾害

温室和大棚生产虽然在保护设施条件下，但仍存在着自然灾害和人为灾害。自然灾害指风灾、涝灾、雪灾、温度骤变、病虫害、鸟害等；人为灾害指火灾、肥害、药害、冷水害、高温危害、人身伤害等，这些灾害都是近几年保护地果树生产中屡屡发生的灾害，对产量、效益的提高和人身的安全危害极大，与其他栽培技术一样不容忽视。

（一）自然灾害

1. 风灾 风灾常发生在保护地果实成熟期的3～5月份，也就是春天的5～7级以上的大风，对生产的危害极大。尤其是春风较大、较频繁的地区；棚架结构为斜平面，弧度小；塑料膜固定不紧实的温室和大棚；还有覆盖抗风能力较差的聚氯乙烯棚膜的温室和大棚，易被风刮坏棚膜使树体和幼果受害。或栽培者在防止棚膜刮坏的情况下，经常接连几天采用放苫的方法来保护棚膜时，致使树体和幼果得不到充足光照，或减少了光照的时间而延迟成熟，或造成叶片失绿而脱落。风害还包括夜间放苫后风大将草苫刮起，使棚内温度降低到了有碍树体生长发育的程度。

防御措施是在建筑棚架时一定采取拱圆、半拱圆式，拱架间距不能大于 90 厘米。还要注意温室和大棚的高跨比，跨度大、高度小，棚膜不易压紧，光照差。风大或多风地区应选择聚乙烯长寿塑料薄膜或聚烯烃塑料薄膜。若选择聚氯乙烯塑料薄膜，应及时修补破洞。手卷帘的温室，夜间风大时应及时检查草苫，发现有离位的立即拉回压牢。

2. 涝灾 涝灾常发生在揭膜后的 7～9 月份，尤其是发生在土壤黏重、地势低洼的温室和大棚，进入雨季应时刻注意排水。

防御措施是应采取台田式栽培，将树盘抬高 30～40 厘米。或在栽植行间和温室前底脚处挖排水沟，大棚结构的可在行间与四周挖排水沟，及时排涝。沙石板或土壤黏重地块，在建园前要挖通沟和客土改造。

3. 雪灾 雪灾常发生在降雪量达 200 毫米以上、建筑结构不科学、建筑质量不牢固和建筑材料质量差的温室和大棚，或没有及时打扫积雪的情况下而压塌温室和大棚。

防御措施是选用耐压不易变形的管状钢材做骨架上弧，竹木结构的温室和大棚及跨度大的钢架大棚，要设置间距和角度合理的立柱。钢筋骨架无支柱温室的两侧山墙，在砌筑时墙内要设置"T"形和"＋"形钢筋预埋件，用来焊接拉筋。地基要牢固，用毛石砌筑深 40～50 厘米，后墙顶部和前底脚要设混凝土横梁，横梁内设置固定骨架的"T"形和"＋"形钢筋预埋件。降雪量大时及时打扫棚面积雪。

4. 温度骤变 温度骤变常发生在初冬或新年期间，外界温度低于－20℃，伴随阴天、降雪时，常使温室内温度低于 0℃以下，易发生危害。温度骤变还包括久阴骤晴，或降雪无法揭苫或其他原因达 2 天以上时，揭苫后遇到晴天，强烈的光照会对树体及叶片造成伤害。光照强、温度高，叶片水分蒸腾作用加快，根系吸水输水速度慢于蒸腾作用所散失的水分，叶片出现萎蔫状态，如不及时采取措施，就会变成永久萎蔫。

虽然大樱桃的萌芽、开花、结果的需求温度不是很高，但也不可太低。休眠期如果棚内温度低于 0℃时，可在白天将草苫卷起，将温度调至 3℃～7℃，萌芽至开花期低于 0℃超过半天以上时，需临时人工加温。温度骤升时及时扒开通风口或打开通风窗降温。温度的调节需有专人耐心细致管理。遇到久阴骤晴时应在阳光强烈、温度高时的中午前后暂时放苫遮阴，待日光不强烈时揭苫。

5. 病虫危害 易忽视的病虫危害常发生在花期至幼果期的卷叶虫和绿盲蝽危害，或透光通风不良、湿度大的情况下感染花腐病和灰霉病等，或在揭膜后的露地期间，降雨次数多时发生的各种叶斑病，以及高温干旱时发生的二斑叶螨。卷叶虫发生时期为花期至幼果期，幼虫将叶片或花瓣黏在一起啃食花、叶和幼果。绿盲蝽吸食嫩叶、幼果汁液，造成叶片破洞。花腐病和灰霉病危害花、幼果和叶片，造成霉烂而落花落果，叶斑病和二斑叶螨危害叶片，造成叶片失绿枯焦而落叶，严重影响当年和翌年的产量。

因此，萌芽前必须喷施 1 次石硫合剂，或花前、花后喷 1 次杀菌剂防治病害，开花至幼果期随时人工捉治卷叶虫和绿盲蝽，采收后随时观察二斑叶螨的发生，及时喷药防治，6 月下旬至 8 月中旬喷 2～3 次波尔多液和 1 次甲基硫菌灵，或多菌灵、代森锰锌防治各种叶斑病。

6. 鸟害 鸟害发生在升温较晚的温室和塑料大棚管理中，特别是塑料大棚，因其果实成熟期较晚，一般在 4～5 月份，此时温度较高，需加大通风量，在开启通风装置时，麻雀进入棚内啄食果实。

防御措施是在通风口设置防鸟网。

(二)人为灾害

1. 火灾 火灾是造成温室和大棚瞬间毁于一旦的主要原因，火灾有人为点火和电焊作业不慎，或电源配置不合理，或电褥、电炉等取暖引起。电焊火灾常发生在覆盖后卷帘机出现故障而维修时；电源线接点或开关等处引起火灾，常发生在栽培者不注意用电安全，缺乏用电的常识，或滥接电线，酿成火灾隐患；电褥、电炉引起火灾多半是忘记了关闭电源引起，这些现象在温室中常有发生，教训极其深刻。

人为点火只能由管理者加强夜间防范，也建议各有关部门加强人的素质教育，共同维护和联防。电焊火灾的防御是在电焊前准备几桶水，并将焊点周围的草苫浇湿，焊后将焊接部位喷水降温，并有专人看管半小时左右。电源引起的火灾防御，要求栽培者在架线时一定在电工的指导下作业。电褥、电炉、电暖气等取暖引起的火灾，只要在人离开温室前，认真细致检查，关闭电源开关，杜绝火灾不难做到。

2. 肥害　肥害现象有来自土壤施肥和叶面喷肥 2 种。土壤施肥造成肥害有 4 种情况，一是肥料距根系太近，肥料没与土壤搅拌；二是过量；三是有机肥没经发酵；四是覆盖期间地面撒施没有覆土。前 3 种情况造成根系伤害，也就是常说的烧根现象，后一种情况是肥料随气温的升高而挥发，产生有害气体对花、果、叶片造成危害。如地面撒施碳酸氢铵、尿素、干湿鸡粪，牛马粪等，在温度高时都会释放出氨气和二氧化氮（亚硝酸气体），抑制呼吸作用和光合作用，花芽和花蕾受害严重时，柱头和花药变褐失去生命力。花朵受害时，花瓣边缘干枯，严重时柱头和花药变成褐色。叶片受害严重时，叶片边缘呈现水渍状，严重时萎蔫脱落，随之果脱落。叶面喷肥造成肥害有 3 种情况，一是稀释肥液时浓度计算错误，或不经称量“几瓶盖、几把”式的懒汉稀释方法；二是滥加增效剂；三是花期滥用坐果剂，幼果期滥用膨大剂、着色剂、早熟剂等造成不同程度的落果或叶片伤害。

防止肥害的关键是有机肥必须经过发酵，不论是有机肥，还是化肥，都必须挖沟施入，施入后与土拌和，并及时覆盖。生物菌肥也不例外,一定不要过量或不经搅拌施入,避免发生烧根。叶面肥稀释肥液时,一定要有称量用具,尤其是花期和幼果期喷植物生长调节剂类的浓度和时间,稀释量一定要准,更不要在晴天的中午前后喷施。

3. 药害 药害常因浓度过量,不经称量或计算错误,或多种药混合发生化学反应,或加入增效助剂,或高温不通风而发生。

防止药害的重要原则是对症施药、适量用药。易发生化学反应的药剂要单独喷施,喷药时要对药液不断搅动,喷剩下的药液不要重复喷,也不要倒在树盘中。助剂如渗透剂、黏着剂和增效剂等也不要随便加入药液中,目前有些农药在生产过程中已经加入黏着剂或渗透剂,使用农药时一定要阅读说明书,或在购药时问清楚使用方法。能用一种药剂防治的,就不要用两种或多种。有的果农认为使用一种药剂总觉不放心,将 2～3 种药剂混配,其实现在许多农药本身就是复混而成,有时混用的几种农药都是同一种作用机制,混用如同加大剂量引起药害。此外,配制波尔多液时,硫酸铜溶解不彻底,易发生药害。还有波尔多液与石硫合剂或某些杀菌、杀虫剂交替喷施时,间隔时间太短也易发生药害。还有用毫克/千克表示的药品或植物生长调节剂,计算困难时,需在购药时打听明白。温室覆盖期间用药浓度应适当降低,并加大通风量。

4. 冷水害 冷水害发生在温室覆盖期间的树体展叶以后,用室外方塘水、河水(称为冷水)直接大水漫灌,使树体受害。因为冬季方塘水或河水的水温常在 0℃～2℃,温室内的地温常在 15℃以上,用冷水灌溉,抑制了根系的正常生理活动,使之处于暂时停止吸收和输导水分和养分的状态,使地上部树体表现为叶片发生失水现象,叶片侧翻,轻者暂时停止生长几日,重则停长十几日才能恢复,虽然对树体没有太大的伤害,但延迟果实成熟期,直接影响经济效益。因此温室覆盖期间灌溉用水最好是地下深井水,若用室外方塘、河水需引至温室贮存后灌溉,或用细长水管在温室内慢慢循环后灌溉，水温达 8℃以上时就不会出现冷水害。

5. 高温干燥危害　高温干燥危害常发生在花期晴天的中午前后，在强光下，温度超过 18℃，空气相对湿度低于 30%，对花器官生长发育和授粉不利。特别是温室的花期，往往是正值春节期间，易忽视温湿度的管理。所以，晴天上午 9 时至下午 2 时，管理者应做到人不离棚，及时通风和向地面洒水，调节温湿度。

6. 人身伤害　人身伤害常因电动卷帘引起，或在风雪大时到棚上调整草苫发生摔伤，或在大棚失火时因救火而发生烧伤。电动卷帘伤害是在卷帘作业时，在卷帘绳发生反卷的情况下，管理者没有停止卷帘而靠近卷杆调整卷帘绳，将手或衣袖、衣襟等卷入卷杆中伤及人身，轻者伤及肋骨，重则当场死亡，这种伤害触目惊心，应引起高度警觉。

防止人身伤害的方法是提高警惕性，在卷放帘时注意力要集中，经济条件好的可以安装卷帘机遥控器，在卷帘绳出现故障时，应及时停机。再则，不论哪种开关方式，在出现故障时，都应立即停止卷放帘作业，方可靠近进行卷帘杆调整。看护时发生摔伤、烧伤的防御很简单，宁可损失大棚，不可伤及身体或危害生命。

人身伤害还包括煤烟中毒等，这种伤害常发生在夜间看护房中，由于看护房小、保温性差，因此门窗封闭较严，空气流动性差，屋内取暖时有毒气体使人中毒。更有甚者，将炕烧热后将烟筒盖严保温，没有燃透的煤或柴火产生有毒气体而使人体中毒。还有的农户将建棚废弃的竹竿头（没有干透的湿竹竿）和木炭，在夜间用在看护房中取暖，造成烟中毒危及生命，这些灾害也都不容忽视。

附　录

附录1　常用肥料的性质与养分含量

1. 有机肥料　有机肥料来源于农家肥料，种类多、来源广、养分含量全面。有机肥料大多含有丰富的有机质、腐殖酸及果树所需的各种大量元素和微量元素，并含有多种激素、维生素等，为完全肥料。但养分主要以有机态存在，要经微生物发酵分解后才能被大樱桃吸收利用，肥效长、见效慢（附表1）。

附表1　主要农家肥料养分含量表　（%）

种　类	有机质	氮(N)	磷(P_2O_5)	钾(K_2O)
人粪尿	4.9	0.85	0.26	0.21
纯猪粪	15.0	0.60	0.40	0.44
纯羊粪	31.4	0.65	0.47	0.23
猪厩粪	1.80	0.17	0.28	2.39
牛厩粪	3.40	0.14	0.23	2.18
堆　肥	10.92	0.22	0.22	1.93
棉籽饼	82.2	3.41	1.63	0.97
菜籽饼	63.0	4.60	2.48	1.40
芝麻饼	77.6	5.80	3.00	1.30
花生饼	79.0	6.33	1.71	1.30
大豆饼	83.4	7.00	1.32	2.13
小麦秸	—	0.84	0.30	1.78
玉米秸	—	0.75	0.41	1.98
大豆秧	—	0.30	0.30	0.50
花生秧	—	3.20	0.40	1.20

(1)人粪尿　人畜尿含氮量较高，是速效性肥料，极易挥发损失。用作追肥时，施后立即覆土、灌水。用作基肥时，也可与秸秆、厩肥等混合堆制后施用。

(2)畜禽类粪　这类粪含肥量高，富含磷元素。氮、磷、钾含量比较均衡。新鲜的粪要经过堆积腐熟，并掺土拌匀后才能使用，其分解速度慢，可作基肥。

(3)堆肥　以作物秸秆等为原料，如玉米秸、稻草、麦秸、杂草、树叶、豆秸等进行堆制。堆制时，必须有一定的温度、湿度和微生物活动，才能使之腐化，所以应在粪堆里掺入70%左右的水，少量的牛马粪和人粪、碳酸氢铵等含氮物质。作物秸秆要铡成6～10厘米的小段和以上物质充分混合后成堆，外表封土，使内部温度达到30℃～65℃，进行分解腐化。

(4)饼肥　饼肥有棉籽饼、大豆饼、芝麻饼、菜籽饼和花生饼等。这类饼中含有60%以上的有机质，氮、磷、钾含量也都较高，施用后可明显提高大樱桃的含糖量。饼肥既可用作基肥，也可用作追肥。无论是用作基肥还是追肥，都要先将饼肥充分浸泡后进行发酵、腐化，之后再施用。

(5)厩肥　厩粪是指掺杂有杂草、秸秆和土的牛、马、猪等的粪便，堆积后经微生物分解发酵后而成。厩肥施用后能改良沙土地的保水保肥性能和黏土地的通透性，增加土壤团粒结构。

(6)绿肥　以新鲜植物体就地翻压或异地翻压，或经过堆沤而成的肥料。这类肥料有豆科植物和非豆科植物。果园常用的绿肥作物有苕子、草木樨、田菁、柽麻和苜蓿等。

(7)腐殖酸肥　以含有腐殖酸类物质的泥炭、褐煤、风化煤等经过加工，制成的含有植物所需的营养成分的肥料。

(8)蚯蚓粪肥　利用秸秆、树叶等饲养蚯蚓的转化物。

2. 化学肥料

(1)氮肥类　氮肥类的肥料有尿素、碳酸氢铵、硫酸铵等，常用的以尿素为主。

①尿素：含氮量 44%～46%，为白色固体中性氮肥，易溶于水，适合各种土壤施用和叶面喷施。土壤施用时，为防止挥发和淋失，施后要盖土，用于叶面喷施一般浓度为 0.2%～0.3%，浓度过高容易产生毒害。

②碳酸氢铵：为弱碱性氮肥，含氮量 17%左右。易溶于水，肥效快，在土壤中无杂质残留，不破坏土壤结构，适于各种土壤施用。其缺点是不稳定，在潮湿和高温(30℃)条件下分解成氨、二氧化碳和水。应在干燥低温条件下贮存，包装必须严密。施用时要随施随覆土，并及时少量灌水，不可与酸性肥料混合使用。

③硫酸铵：简称硫铵，为弱酸性氮肥，含氮量 20%～21%。易溶于水，肥效快，常温下不挥发，较纯的硫酸铵吸湿性较小，只有在温度较高、湿度较大条件下才吸湿结块。硫酸铵的营养成分为铵离子，硫酸根残留于土壤中，长期大量使用会使土壤发生不良变化。注意硫酸铵不能与碱性肥料混合使用。

(2)磷肥类　磷肥类的肥料有过磷酸钙、磷矿粉、钙镁磷肥等。

①过磷酸钙：又名过磷酸石灰，简称普钙，其主要成分是水溶性磷酸钙和 50%左右的石膏，其含磷量 12%～18%，可作追肥和基肥，与农家肥混合后作基肥效果更好。该肥由于有游离酸的存在，而呈酸性，不宜与碱性肥料混合施用。贮存应置于干燥阴凉处，以防吸湿结块和被淋湿。

②磷矿粉：是以天然磷矿石为原料，用机械方法粉碎磨细制成。磷矿粉主要成分为氟-磷石灰，含磷量 10%～25%，其中 3%～5%的磷可溶于弱酸，被吸收利用。在施用时要加大用量，一般应为其他磷肥的 2～3 倍，同时要注意深施。

③钙镁磷肥：是以磷矿石、蛇纹石和橄榄石为原料，在高温下熔融后，经水淬冷却，再粉碎磨细而制成的。它含磷 14%～20%，还有 25%～30%的氧化钙，30%左右的氧化硅，15%～18%的氧

化镁。钙镁磷肥不溶于水而溶于20%的柠檬酸，为中性肥料，吸湿不结块，无腐蚀性，便于贮存和运输。

(3)钾肥类 钾肥类的肥料有硫酸钾、氯化钾等。

①硫酸钾：为化学中性，但因施用后有硫酸根残存于土壤中，所以属生理酸性肥料，长期大量施用容易使土壤板结。含钾量为48%～52%，吸湿性小，不易结块。

②氯化钾：易溶于水，肥效快，虽为化学中性，但由于施用后有氯根残留于土壤中，所以属于生理酸性肥料。含钾量50%～60%。为防止对根系的危害，在多雨季节施用为好，施用时要与土壤充分混合。氯易引起和加重土壤盐渍化，甜樱桃对氯又很敏感，特别是保护地甜樱桃最好不施用氯化钾。

③窑灰钾：是水泥厂的副产物，除含8%～12%的钾外，还含有钙、镁、硅、硫、铁等其他元素。贮存中要注意防止雨淋。窑灰钾肥碱性较强，适宜在酸性土壤中施用，不要与氮、磷化肥同时混用。

(4)复合(混)肥类 复合肥类的肥料有磷酸二铵、磷酸二氢钾、三元复合肥、配方类肥等。

①磷酸二铵：为白色或灰色颗粒，含氮18%、磷46%，易溶于水，呈偏碱性，吸湿性小，既可作基肥，也可作追肥。

②磷酸二氢钾：为白色固体肥料，含钾27%、磷24%，多用于追肥，果实发育期叶面喷施0.2%～0.3%磷酸二氢钾溶液，有明显提高果实品质的功效。

③三元复合肥：指含两种和多种营养元素的肥料，为白色或灰色颗粒，氮、磷、钾含量均为15%～17%，有一定吸湿性，既可作基肥，也可作追肥。

(5)微量元素肥 微量元素肥有硫酸锌、硫酸锰、硫酸亚铁、硼砂、硼酸、硫酸铜、钼酸铵等。微量元素肥是大樱桃生长发育所必需的营养元素，不施或施量不足，都会引起各种缺素症状，使树体发育受阻，果实产量、品质下降。所以一定要切实纠正那种只重视

使用常(大)量元素肥料，而忽视施用微量元素肥料的偏见，科学施用树体所需各种微量元素，使其得到全面的营养保障，

①硫酸锌：含锌量为24%～36%，可溶于水，土施和叶面喷施均可，浓度为0.3%。

②硫酸锰：含锰量为24%～28%，易溶于水，既可土施也可叶面喷施，浓度为0.2%。

③硫酸亚铁：含铁量为19%～20%，易溶于水，多用于叶面喷施，浓度为0.3%。

④硼砂：含硼量为11%～95%，较易溶于水，多用于土施和叶面喷施，浓度为0.3%。

⑤硫酸镁：含镁量为23%～30%，易溶于水，既可土施也可叶面喷施，浓度为0.3%。

常用微量元素肥料的成分和性质见附表2。

附表2　主要微量元素肥料的成分和性质

肥　类	名　称	主要成分的分子式	养分含量(%)	水溶性	施用方式	叶喷浓度(%)
铁　肥	硫酸亚铁	$FeSO_4 \cdot 7H_2O$	19～20	易溶	叶喷	0.3
硼　肥	硼　砂	$Na_3B_4O_7 \cdot H_2O$	11	40℃水溶	土施	0.3
	硼酸	H_3BO_3	17	易溶	叶喷	0.2～0.3
锌　肥	硫酸锌	$ZnSO_4 \cdot H_2O$	35～40	易溶	叶喷、土施	0.3
锰　肥	硫酸锰	$MnSO_4 \cdot 7H_2O$	24～28	易溶	叶喷、土施	0.2
镁　肥	硫酸镁	$MgSO_4 \cdot 7H_2O$	—	易溶	叶喷、土施	0.2

(6)微生物肥料　这类肥料是以特定的微生物菌种培育生产的、含有活的有益微生物制剂，包括根瘤菌肥料、固态菌肥料、磷细菌肥料、硅酸盐细菌肥料、复合微生物肥料等。

附录 2 无公害果品生产禁止使用的农药品种

在无公害果品生产中，禁止使用剧毒、高毒、高残留、致癌、致畸、致突变和具有慢性毒性的农药，禁止使用的农药见附表 3。

附表 3 无公害果品生产禁止使用的农药品种

农药类别	农药品种	禁用原因
有机砷杀菌剂	福美甲胂、福美胂	高残毒
取代苯类杀菌剂	五氯硝基苯	国外报道致癌
有机磷杀菌剂	稻瘟净	异味
有机氯杀虫、杀螨剂	滴滴涕、六六六、三氯杀螨醇	高残毒
甲脒类杀虫、杀螨剂	杀虫脒	慢性毒性、致癌
有机磷杀虫剂	甲拌磷、乙拌磷、久效磷、甲基对硫磷、对硫磷、甲胺磷、甲基异柳磷、氧化乐果、磷胺、治螟磷、地虫硫磷、灭克磷（益收宝）、水胺硫磷、氯唑磷、硫线磷、杀扑磷、特丁硫磷、甲基硫环磷	剧毒或高毒
氨基甲酸酯类杀虫剂	涕灭威、克百威、灭多威、丁硫克百威、丙硫克百威	剧毒或高毒、或代谢物高毒
二苯醚类除草剂	除草醚、草枯醚	慢性毒性

附录3　常用杀菌剂的配制

1. 波尔多液　波尔多液是由硫酸铜、生石灰和水配制而成的天蓝色胶状悬浮液。其有效成分为碱式硫酸铜。质量好的波尔多液呈天蓝色，波尔多液为光谱保护性杀菌剂，喷到树体上黏着力很强，在树体上的残效期为7～15天，其主要通过释放铜离子起到杀菌的作用。

(1)性状　药液呈碱性，比较稳定，黏着性好，但久置会沉淀，产生原定形结晶，性质发生改变，药效降低。因此，波尔多液要现用现配，不能贮存。药液对金属有腐蚀作用。

(2)作用特点　波尔多液是保护性杀菌剂，对大多数真菌病害具有较高的防治作用，其杀菌机制是依靠水溶性铜凝固蛋白质，并和菌体内多种含-SH(巯基)酶作用。将刚配好的波尔多液喷洒在树体或病原菌表面，形成一层很薄的药膜，此膜虽然不溶于水，但它在二氧化碳、氨、树体及病菌分泌物的作用下，会逐渐使可溶性铜离子增加而起杀菌作用，并有效地阻止孢子发芽，防止病菌侵染。此外，波尔多液中的铜元素被树体吸收后，还可起到微量元素作用，促使叶片浓绿，生长健壮，提高其抗病力。

(3)配制方法　一般大樱桃树使用的比例为石灰倍量式，即硫酸铜、生石灰和水比为1∶2∶200～240倍液。波尔多液质量的优劣与配制方法有密切关系。一般常用的配制方法有以下2种。

①注入法：先将硫酸铜和生石灰按比例称好，分别盛在非金属容器中，然后用药总水量的2份溶化生石灰，滤去残渣，即成浓石灰乳。再用余下的8份水制成稀硫酸铜溶液(先用少量热水将硫酸铜化开，然后加入剩余水)。待上述两液温度相等时，再将稀硫酸铜溶液慢慢倒入石灰液中，边倒边搅，即成天蓝色的波尔多液。用这种方法配成的药液质量好，颗粒较细而匀，胶体性能强，沉淀

较慢，附着力较强。

②并入法：将硫酸铜和生石灰按比例分别装入容器内，用总水量的一半稀释硫酸铜（先用少量热水将硫酸铜溶化），用另一半水溶化生石灰（滤去残渣），待上述两液温度相等时将硫酸铜液和石灰乳同时慢慢倒入另一个容器中，边倒边搅拌，即成波尔多液。波尔多液配制质量的优劣，还与原料的优劣有直接关系。因此在配制时，要注意选择优质硫酸铜，对生石灰要求烧透、质轻、色白的块状石灰，粉末状的消石灰不宜使用。

(4)防治对象　在樱桃园中应用，主要是防治叶斑病。

(5)注意事项　喷施波尔多液主要是注意预防药害和药液的配制方法。一是预防药害，波尔多液是比较安全的农药，但使用不当也会产生药害。波尔多液浓度过大或温度过高时喷布，其嫩叶会发生药害。喷布波尔多液后如果遇到阴雨连绵天气，或在湿度过大及露水未干时喷药均易引起药害，因此要选择晴天露水干了之后喷药。喷药过重、药液配制质量不合乎要求时，均易发生药害，应加以避免。喷布波尔多液后相隔时间过短就喷布石硫合剂时，也会因产生硫化铜而引起药害，因此喷波尔多液后 15～20 天内不能喷布石硫合剂和松蜡合剂。喷过矿物油乳剂后 30 天内不能喷布波尔多液，以免出现药害。二是配制药液时禁止使用金属容器。三是用注入法配制时，只能将稀硫酸铜液倒入浓石灰乳中，顺序不能颠倒，否则配制的药液沉淀快，且易发生药害。四是药液应随用随配，超过 24 小时易沉淀变质，不能再用。五是配好的药液不得搅拌和稀释。六是喷布时要做到细致周到，喷后如遇大雨，天晴后应及时补喷。七是为提高药效，应在药液中加入展着剂，如 0.2%～0.3%豆浆、大豆粉、中性洗衣粉等。八是波尔多液呈碱性，含有钙，不能与怕碱性农药以及石硫合剂、有机硫制剂、松蜡合剂、矿物油剂混用。

2. 石硫合剂　石硫合剂是石灰硫磺合剂的简称，俗称硫磺水，是由生石灰、硫磺粉做原料加水熬制而成的枣红色透明液体（原液），工业产品为固体。

(1)性状　药液呈强碱性，遇酸易分解，在空气中易被氧化。有臭鸡蛋味，对皮肤和金属有腐蚀性。

多硫化钙化学性质不稳定，易被空气中的氧气、二氧化碳分解。喷到树体上会发生一系列化学反应，形成微细的硫磺沉淀，并释放出少量硫化氢而起杀菌作用。

(2)作用特点　石硫合剂是一种无机杀菌兼杀虫和杀螨剂，其有效成分为多硫化钙，有渗透和侵蚀病菌细胞壁和害虫体壁的能力。喷洒在树体表面上，短时间内硫化钙有直接杀菌和杀虫作用，但很快和氧、二氧化碳及水作用，最后的分解产物硫磺仅有保护作用。

(3)熬制方法　常用的配制比例为生石灰1份、硫磺粉2份、水10份。先把优质生石灰放在铁锅中，用少量水使生石灰消解，待充分消解成粉状后加足水量。生石灰遇水发生剧烈的放热反应，在石灰放热升温时，再加热石灰乳，近沸腾时，把事先调成糊状的硫磺浆沿锅边缘缓缓地倒入石灰乳中，边倒边搅拌，并记下水位线。用强火煮沸40～60分钟。待药液熬成枣红色、渣滓呈黄绿色时，停火即成。用热水补足蒸发所散失的水分。冷却后滤出残渣，就得到枣红色的透明石硫合剂原液。在熬制过程中，如果由于火力过大，虽经搅拌，锅内仍泛出泡沫时，可加入少许食盐。

熬制方法和原料的优劣都会直接影响药液的质量，如果原料质优，熬煮的火候适宜，原液可达28波美度以上。因此，要求最好选用白色块状质轻的生石灰，硫磺以硫磺粉较好。

(4)防治对象及使用方法

①防治对象：石硫合剂的应用是在大樱桃树体发芽前，防治多种在树干和树枝上越冬的病菌，以及介壳虫和叶螨等，萌芽前喷布的浓度是3～5波美度，发芽后喷布的浓度和蘸根浓度为0.2～

0.5 波美度。

②稀释浓度的计算方法:石硫合剂的有效成分含量多少与比重有关,通常用波美比重计测得的度数来表示,度数愈高,表示有效成分含量越高。所以,使用前必须用波美比重计测量原液的波美度数,然后根据原液浓度和所需要的药液浓度加水稀释。一般最简单的稀释方法是直接查阅“石硫合剂稀释倍数表”。也可以用下列公式按重量倍数计算:

$$加水稀释倍数=\frac{原液波美浓度-需要的波美浓度}{需要的波美浓度}$$

(5)注意事项　一是发芽前通常用 3～5 波美度,生长期使用一般不能超过 0.5 波美度。二是石硫合剂是强碱性药剂,不能与怕碱药剂混用,不能与波尔多液混用。在喷过石硫合剂后需间隔 7～15 天,才能喷布波尔多液,而喷过波尔多液后需间隔 15～20 天才能喷石硫合剂,否则易产生药害。三是石硫合剂有腐蚀作用,使用时应避免接触皮肤,如果皮肤和衣服沾上原液,要及时用水冲洗。喷药器具用后要立即用水冲净。

3. 涂白剂　涂白剂是一种杀菌剂,可以减轻大樱桃因冻害或日灼而发生的树体伤害,并能遮盖伤口,避免病菌侵入,涂白剂主要用于树干涂抹,在保护地生产中,主要用于没进入保护地生产之前的幼树防寒。

(1)配制方法　用生石灰 8～10 份,石硫合剂原液 1 份,食盐 1 份,动物油或植物油 0.1～0.2 份,水 20 份,配制时用 1/2 的水化开生石灰和食盐,然后加入石硫合剂和油充分搅拌均匀即可。

(2)使用方法　在树体落叶后的晚秋,将配制好的涂白剂涂于根颈至树干 1 米高以上,基部主枝涂 30 厘米以上。对成龄树涂白要在涂前刮除老翘皮,尤其是枝杈部位要重点涂抹。

附录4　保护地大樱桃管理技术规范

1. 范围

本规范规定了保护地大樱桃优质无公害栽培条件(园地选择、土壤改良),栽培技术(结果树移植、保护地内环境控制、花果管理、整形修剪、肥水管理、病虫防治)和幼树培育等技术。

本规范适用于我国北方各地区的温室和大棚栽培大樱桃。

2. 术语与定义

2.1 保护地

本规范中的保护地是指日光温室或具有保温条件的塑料大棚。

2.2 需冷量

落叶果树通过自然休眠所需要的有效低温(0℃～7.2℃)时数,也称低温量或需冷量。

2.3 促眠与破眠

人为措施使大樱桃树体提前进入或延迟进入休眠期称促眠,使大樱桃树体提前解除休眠期称破眠。

3. 栽培条件

3.1 园址选择

生态条件良好、无污染源,保护地的东、南、西三面无高大树木或建筑物遮挡,排灌方便,交通便利。土壤质地为沙壤土或壤土,土层深厚,雨季地下水位低于地表1.0米以下,土壤pH值6.5～7.5,土壤有机质含量在2%～3%,总含盐量0.1%以下。

3.2 土壤改良与平整土地

土壤黏重时,根据不同黏重程度,用一定量的腐殖土或河沙、或风干的牛马粪,或风化岩石土改良,改土深度在50～60厘米,确保土壤通气性良好。改良土壤后将棚内地面耙平,温室内的地面与后走台高度持平，大棚内的地面不高于四周的地梁。

3.3 保护地类型

3.3.1 日光温室

坐北朝南，东西走向，正南或偏西 3°～5°。跨度 9～12 米，高度 4～5.5 米，长度 80～120 米。后墙高度 2.5～3.8 米，后坡宽度 1.8～2.5 米。温室间距以冬至前后，前排温室对后排温室不遮光为准。

3.3.2 塑料大棚

南北走向，跨度 12～20 米，长度 80～100 米，单体结构顶高 4～4.5 米，肩高 2～2.5 米；连体钢架结构高度 4.5～5.5 米，肩高 2.2～2.5 米。大棚间距以方便作业为宜。

3.4 覆盖物类型

3.4.1 塑料膜

宜选用抗风损坏、无水滴、防雾的、厚度在 0.11～0.12 毫米聚乙烯或聚烯烃膜(PO)。

3.4.2 保温材料

宜选用厚度在 6～8 厘米的化纤棉被覆盖一层，或厚度在 4～5 厘米的稻草苫覆盖两层。

3.4.3 辅助材料

压膜绳、卷帘绳等均为纺织尼龙绳。

4. 栽培技术

4.1 栽培品种选择

选择丰产性好、坐果率高、果个大(平均单果重达 8 克以上)、果色红，抗裂果的红灯、美早、金顶红为主栽品种(此三品种要分棚栽培)。选择花粉量大、与主栽品种授粉亲和性好、需冷量相近的 2～3 个不同品种如佳红、雷尼、萨米脱、拉宾斯为授粉品种。主栽品种与授粉品种的栽植比例为 7：3，或采取于萌芽期在主栽品种树冠上高接 5～8 个授粉(2 个品种)结果枝条的办法，不单独配置授粉树。

4.2 树体选择

选择树龄为 4～7 年生，砧木为山樱桃（乔化），或郑引一号（ZY-1 半矮化），或矮化的吉塞拉（树龄不大于 5 年生），树势中庸健壮，树形规范，成花良好，根颈处无根瘤，无枝干癌肿病，无严重的桑白介壳虫，无冻害，无流胶病。

4.3 栽植

4.3.1 株行距与栽植沟

乔化和半矮化树株行距为 2.5～3 米×3～4 米，矮化树株行距为 2 米×2.5～3 米。

按预定的行距先挖好栽植沟，栽植沟深 60 厘米、宽 1.2～1.5 米，将一定量的有机肥与土混拌后回填，回填后放水沉实，再按株距挖好圆坑形状的栽植穴，穴深 40～50 厘米，穴直径 1～1.5 米，穴中央略高。

4.3.2 起树、运输与栽植

秋季起树应先剪掉叶片。从树冠外围垂直投影下的树盘外围环形向内挖，见到有根系时，用两个齿的钩子将根系周围的土向外围梳出，将土往外倒，外缘浅内缘深，外缘大约深 40 厘米，内缘深 50～60 厘米，挖至离主干 20～30 厘米时轻推主干即可起出，挖土时不要碰伤和切断根系，树体推倒后立即用聚乙烯塑料将根系包严，抬到运输车上。如果远途运输，应将根系涂泥浆或放湿稻草后用塑料包严，运输车的护栏不高于 1.5 米左右，护栏横杆要用草苫或其他包装物包裹，以免运输途中摩伤枝干。

运到栽植地后，要立即栽植。将树抬到栽植地后除去根系包装物，放入栽植穴中央，将根系舒展开，边埋土边轻轻摇晃主干边踏实土壤，使土与根系无缝隙，埋土至地面 10 厘米左右时，在穴内外围每株施入复合肥 1～1.5 厘米后覆土，搂平地面。栽植深度与原栽植深度的印记一致。栽后在行间和前底脚处（大棚在四周）修好深、宽各 30 厘米左右的排水沟，行间排水沟要与前底脚排水沟相连。

4.4 栽后当年管理技术

栽后立即灌 1 次透水，春季移栽的，待地表稍干时进行松土，松土深度 7～10 厘米，栽后的灌水次数，要依据叶芽萌发后树叶不萎蔫为宜，一般情况下 5～7 天需灌 1 次水，栽后的恢复生长期共需灌水 5～8 次，以后的灌水时间要根据自然降水确定。

秋季移栽大树应移栽在温室或大棚内，移后灌透水，夜间气温降至－2℃时，夜间放苫，白天揭苫，夜间保持棚温在 7℃～9℃，白天不高于 20℃，有利于根系恢复。

秋季移栽后若当年进行反季节生产，萌芽后出现树叶萎蔫时，可连喷 2～3 次植物动力(2003)800～1 000 倍液，或在每日上午萎蔫前，往叶片背面喷清水，或在阳光强烈时短时间放苫遮阴。当年留果量也不宜过多，萌芽后要及时疏花芽、疏花蕾，每株保留 2～5 千克产量，以恢复树势为主。

4.5 覆盖与升温

4.5.1 覆盖时间

当外界温度低于 0℃时(初霜冻)，及时覆盖棚膜和保温被促眠，使树体提前进入休眠期。覆盖后棚内温度高时夜间揭苫降温，温度低时白天揭苫升温。

4.5.2 升温时间

升温的时间依据棚内低温量和预定成熟期来确定，打算提早上市的，可在棚内 0℃～8℃的低温累积量达到 1 200 小时时，即开始揭苫升温，时间通常为 12 月中下旬。升温方法是将保温苫昼揭夜放，时间为日出 1 小时后揭，日落前 1 小时放。随外界气温的升高可提早揭延迟放。

低温量不足时，可于升温当日向树体喷施 1 次荣芽(单氰胺、芽破眠剂)破眠，使树体提前解除休眠期。喷施时要求细雾轻喷，均匀而不滴水。

计划延迟上市的，可于早春加盖保温被和在棚内置冰保低温的方法抑制树体萌发，或利用空调降温，当树体萌芽（花芽膨大）时即可揭苫升温，时间在 4 月上中旬。揭苫升温后当中午阳光强烈时，可短时间（2～3 个小时）放苫降温，以延迟萌芽生长速度。

4.6 温、光、气调控

温湿度调控主要通过揭放覆盖物和开闭通风口进行，光照调控主要通过适时提早揭苫和适时晚放苫，以及定期及时清除棚膜灰尘和灯光补充等方法调控，气体主要通过适时开启通风口，或人为补充二氧化碳调控，也包括杜绝有害气体的产生。

4.6.1 温湿度调控

升温 1 周内，棚内温度白天最高不超过 15℃，夜间不低于 8℃，之后每隔 2～3 天提高 1℃，至 18℃保持到开花期。大樱桃的花期对温度的要求更为严格，白天温度应保持在 12℃～18℃，最高不超过 20℃，夜间最低温度不低于 2℃。幼果期，白天气温控制在 18℃～22℃，夜间为 12℃～20℃，有利于果实迅速膨大；果实着色至成熟期，白天气温控制在 18℃～25℃，夜间在 12℃～15℃。

萌芽至花期的晴天，白天棚内湿度较低，当低于 40％时，要向地面喷清水，维持棚内空气相对湿度不低于 30％。

各生育时期温湿度调控指标见附表 4。

附表 4　大樱桃各生育期温湿度及地温调控指标

温湿度	休眠期	萌芽期	开花期	幼果期	着色期	采收期
温度（℃）	0～7.2	8～18	12～18	12～22	14～24	14～25
湿度（％）	70～80	70～80	50～60	50～60	50～60	50～60
地温（℃）	5～8	8～18	14～20	16～20	16～20	16～20

4.6.2 光照调控

在温度条件允许的范围内，及时早揭晚放覆盖物，经常擦拭棚膜上的灰尘，保持棚膜清洁。遇阴雨、雪天时，只要温度不降至极限时也要尽可能揭苫。

4.6.3 气体调控

4.6.3.1 二氧化碳气体

晴天的白天在不影响棚内温度的前提下，及时通风换气，补充二氧化碳，或在有阳光的上午和下午，没开风口之前和关闭风口之后，人工释放二氧化碳。

4.6.3.2 有害气体

有害气体包括一氧化碳和二氧化硫以及氨气等，杜绝方法是不在密闭期间明火加温或释放烟气，不在地表撒施肥料。

4.7 花果管理

4.7.1 授粉

4.7.1.1 蜂授粉

见花时，每栋温室或大棚放 1 箱蜜蜂(每箱 5 框)，蜂箱放在距地面 1 米高处，蜂箱口向南。野生壁蜂授粉每棚 200 头左右，熊蜂 100 头左右。放蜂期间避免喷施杀虫剂。

4.7.1.2 人工辅助授粉

花粉采集与贮藏，采集 2 个以上品种(含苞待放)的花朵，取花药摊在纸上，置于 15℃～18℃室内阴干，或在 15℃～18℃温度恒温箱烘干，散出花粉后装于小玻璃瓶内，短期贮藏可保存在 1℃～5℃冰箱，长期贮藏需要在充分干燥的情况下－25℃～－28℃密闭保存。授粉时取少量花粉用授粉器向花柱头(雌蕾)点授。

当气温低蜜蜂不出巢时必须进行人工辅助授粉。

4.7.2 疏花疏果

4.7.2.1 疏花芽花蕾

花芽膨大期，疏除短果枝和花束状果枝基部发育差的花芽，每一花束状果枝上保留 3～4 个饱满花芽。现蕾后，疏去每花芽内双子房的畸形花及弱质花，每个花芽保留 3 朵花。

4.7.2.2 疏果

盛花后 2～3 周，每一花束状果枝留 4～5 个果，疏除小果、畸形果。

4.7.3 除花瓣

温室和大棚樱桃的花期较露地花期空气湿度大，又无空气流动，花瓣不易脱落或落在叶片和果实上，影响叶片光合作用，也易引起叶片和果实的灰霉病发生，所以在落花期间，要在每天的下午棚内气候干燥时，时常轻晃枝条，振落花瓣，并人工摘除落在叶片和果实上的花瓣。

4.7.4 提高坐果率的辅助措施

4.7.4.1 叶面肥的应用

于初花期或盛花期喷布 1 次 0.2％尿素＋0.2％～0.3％硼砂溶液，提高坐果率。花期喷硼，注意不要在阳光强烈和高温时喷施，高温时喷施易发生肥害，使花瓣出现枯焦现象，因此，应在下午或多云天时喷施。

4.7.4.2 有关 PBO 的应用

对生长势较旺的树和在整个萌芽至开花期间，树体时常处在阴雪寡照的情况下，可以在花前 1 周左右和花后 20 天左右各喷施 1 次 300～500 倍液的 PBO(促控剂)，对控制新梢旺长、提高坐果率有显著作用。另外，近年来的生产实践还证明，在喷施荣芽(芽破眠剂)之后，新梢易旺长，喷施 PBO 对抑制新梢徒长，提高坐果率效果明显。PBO 是近年来在果树上应用的一种叶面肥，在应用时一定要仔细阅读产品说明书，浓度不可以过高，弱树更不可以使用。

4.7.5 预防裂果

果实生长发育期间，要保持棚内空气干燥和土壤湿度相对稳定，尤其是果实膨大期，灌水要做到少量多次。多施钙、硅、镁、钾等微量元素肥。

4.8 产量控制指标

每 667 米^2 产量控制在 500～800 千克。

4.9 采收时期与方法

就地销售时在果实达到充分成熟采收；外销时在果实达八成熟时采收，比在当地销售提前 2～3 天。

采收时用手拇指和食指捏住单个果柄基部，轻轻掀起采下，保持果柄完整，轻拿轻放。

4.10 通风锻炼与撤膜

采收后当外界气温不低于 10℃时，夜间可以不放苫，外界气温不低于 15℃时，进行通风锻炼 15～20 天，即将棚膜每 2～3 天向上或上下向中间扒开 1 米宽，扒至一起时于 5 月下旬，选择多云、无风或风力小的天气时撤掉棚膜，此间遇降温天气时将棚膜放下，回暖时将棚膜回到原位。

4.11 整形修剪

4.11.1 整形修剪的时间

休眠期的整形修剪时间在萌芽前至萌芽初进行，生长季的整形修剪时间在落花后至采收前进行。修剪后对较大的剪口和锯口及时涂抹杀菌剂。

4.11.2 整形修剪原则

因树修剪，随枝做形；轻剪为主，轻重结合；开张角度，促进成花；本着疏直立留斜生、疏强旺留中庸、抹去剪口下第二至第五叶芽和顶叶芽周围的轮生芽，生长季随时进行摘心、拿枝等，消除竞争枝或多余无用枝，开张骨干枝的角度，促进花芽形成，使树体长势中庸，利于丰产稳产。

4.11.3 修剪方法

4.11.3.1 移栽结果树当年修剪技术

移栽结果幼树时，因树冠小而根系分布范围也小，起树时不容易断根很多，所以当年可以适当轻剪。中短截中心干延长枝，主枝延长枝留外芽或两侧芽中短截，侧生分枝超过主枝长的1/3以上要进行回缩，主干和主枝上的竞争枝和徒长枝一律疏除。

移栽结果大树，因树冠大而根系分布范围也大，起树时不容易保留完整的根系，断根很多，所以当年应当重剪。应着重回缩主枝和结果枝组，重短截所有的侧枝的延长枝，注意留一斜生的分枝带头生长，还要疏除所有的竞争枝和徒长枝，所有的发育枝也应重短截或疏除，树冠过高还应落头，与棚架面保留有50厘米的距离。

4.11.3.2 移栽结果树第二年以后修剪技术

进入初结果期的树，营养生长开始向生殖生长转化，但树势仍偏旺，在树冠覆盖率没有达到75%左右时，仍需要短截延伸，扩大树冠，在扩冠的基础上稳定树势，利用好有限空间；对已达到树冠体积的树，要控势中庸，对枝条应以轻剪缓放为主，促进花芽分化；还应注意及时疏除徒长枝和竞争枝，保持各级骨干枝分布合理，保持中庸健壮的树势。

进入盛果期的树，在树体高度、树冠大小基本达到整形的要求后，对骨干延长枝不要继续短截促枝，防止树冠过大，影响通风透光。盛果期还应注意及时疏除徒长枝和竞争枝，以免扰乱树形。

进入衰老期的树，树势明显衰弱，产量和果实品质也明显下降，这之前应有计划及时进行更新复壮，培养新的树冠和结果枝组，采取回缩的措施，回缩到生长势较粗壮的分枝处，并抬高枝头的角度，增强其生长势。对要更新的大枝，应分期分批进行，以免一次疏除大枝过多，削弱树冠的更新能力。同时，结合采取去弱留强、去远留近、以新代老的措施，还要利用好潜伏芽，和对内膛的徒长枝重短截，促进多分枝，来培养新的主枝，或结果枝以及结果枝组，达到更新复壮的目的。

4.11.3.3 不同品种树的修剪

不同品种的大樱桃，其整形修剪各具特点。枝条易直立、生长势强旺的品种，应适当轻剪缓放，不宜短截过重或连续短截；枝条易横生、生长势不旺的品种，应以适当短截为主，不宜过早缓放或连续缓放。

以红灯、美早为代表的品种，枝条较直立，生长势较强，在修剪上应多采用轻剪缓放，少短截，加大主枝角度，来增加短果枝和花束状果枝的数量。

以佳红为代表的品种，枝条较横生，树姿较开张，生长势不强旺，在修剪上应适当短截，在短截的基础上进行缓放，还应注意下垂枝的回缩，防止树势衰弱和结果部位外移。

以拉宾斯为代表的短枝型品种，枝条生长量较小，易形成短果枝和花束状结果枝，树势容易衰弱，在修剪上应多短截，促进发枝，防止结果过多，造成树势衰弱。

4.11.3.4 撤除覆盖物后的修剪

采收后的6～8月份，树体上部易萌发过多过旺发育枝，影响冠内通风透光，对这些枝条要进行少量疏除，疏除1/3～1/2，俗称留“跑水条”，留枝量以不影响下部光照为宜，留下的发育枝可在翌年萌芽前疏除。对结果枝和结果枝组更要在采收前处理好，采收后尽量不剪或轻剪，防止采收后开花。

4.12 施肥

4.12.1 基肥

每年8月中旬至9月上旬，每株施50～100千克充分腐熟的农家肥，或5千克左右生物有机肥或豆饼肥，在树盘内的外围挖环状沟施入后覆土。

4.12.2 追肥

追肥包括土壤追肥和叶面追肥。

升温后1周内每株施入三元复合肥1～1.5千克＋过磷酸钙2千克；落花后和果实硬核后，进行2次土壤冲施含氮量少或不含氮的速效性的冲施肥；采果后每株施三元复合肥0.5～1千克＋

0.5 千克尿素。

落花后每 10～15 天叶面喷施 1 次磷酸二氢钾等以及微量元素肥，共喷 6～7 次，采收后的叶面肥中要加入 500 倍液尿素肥。

4.13 灌水与排水

4.13.1 灌水

升温后的第一次土壤施肥之后漫灌 1 次透水，开花前漫灌补灌 1 次小水、硬核后和着色前结合冲施肥，采取坑灌或沟灌的方法，每株每次灌水量不超 50 升，采果后漫灌 1 次透水。

4.13.2 排水

在多雨季节注意排水，树盘内积水不得超过 20 小时以上，防止涝害。

4.14 病虫害防治

4.14.1 防治原则

无公害果品生产中病虫害的防治原则是，以农业防治和人工防治为基础，大力推广生物防治技术，适当采用化学防治，将病虫危害控制在不造成经济损失的水平。化学药剂防治病虫害，药剂防治见效快，但应注意选择生物、矿物药剂，其次选择高效低毒、低残留的无公害化学药剂。

大樱桃园病虫害的防治，首先要重视清园，清园也就是在树体萌芽前，彻底清扫果园，将树上和地面的枯枝落叶打扫干净带出园外处理，其次是重视树体发芽前的施药，树体发芽前无叶片遮挡，害虫和病菌容易接触药剂，易于杀死越冬害虫和病菌。此期喷药还能节省农药和用工量，因此在萌芽前必须喷 1 次 5 波美度石硫合剂，或 45％晶体石硫合剂 30 倍液，或 70％索利巴尔可溶性粉剂 80 倍液。

4.14.2 防治方法

主要病虫害防治按附表 5 进行。

附表 5 主要病虫害防治历

物候期	主要防治对象	参考防治方法
扣棚后至萌芽前	各种病菌、虫卵和越冬成虫	彻底清扫地面，喷 5 波美度石硫合剂
开花期	花腐病	喷腐霉利或多抗霉素等
落花后	卷叶虫、金毛虫、天幕毛虫、灰霉病、煤污病等	人工捕捉卷叶虫和毛虫，喷腐霉利或灰霉灵等
果实发育期	灰霉病、煤污病等	喷腐霉利或代森锰锌、甲基硫菌灵、多菌灵等
果实采收后	桑白蚧	蚧宝、蚧杀特等
	叶斑病、二斑叶螨、梨小食心虫、蛀干害虫、卷叶虫、各种毛虫、潜叶蛾等	喷波尔多液或代森锰锌；喷阿维菌素；诱虫灯诱杀、挖幼虫，喷卷叶灵、蛾螨灵等

5. 结果幼树培育技术

保护地大樱桃生产，乔化树必须具备 4～5 年生以上树龄的结果幼树，矮化树需 3 年生。露地不能安全越冬的北方寒冷地区，往往是采取南树北移的方法，为了降低运输成本，可采取露地假植方法培育结果幼树，冬季用拱棚保温或移入贮藏沟保温，翌年春再移入露地假植培养，达 4～5 年生时再定植于保护地内。

5.1 准备营养土和假植袋

利用农田中腐烂的杂草、豆秸、稻壳等为腐殖质，与沙壤土和发酵的湿鸡粪配制成营养土，配制比例为 0.5∶2∶0.1；利用废旧的尼龙编织袋或无纺布袋为假植袋材料，假植袋直径为 40～50 厘米，高 30～40 厘米。

5.2 假植方法

选用无病毒病、无根癌病和无严重流胶病的 1～2 年生嫁接苗木，第一年春将苗木装入假植袋中央，填入营养土，蹾实后置入育苗圃，按台田式栽植，株行距为1.5米×1.5～2米，台田面较地面高20～30厘米，上窄下宽，栽后灌透水。秋季落叶后土壤结冻前将苗木连同营养袋起出，倾斜20°～30°排放在沟内，沟深30～40厘米，假植袋之间用潮湿土壤填充不留空隙，上覆一层塑料薄膜，塑料薄膜上覆1～2层草苫，起苗前将没有脱落的叶片剪除。翌年春季萌芽前揭开防寒物，栽植于苗圃。以此重复管理，但不要重茬栽植。

参考文献

[1] 赵改荣，黄贞光.大樱桃保护地栽培[M].郑州：中原农民出版社，2000.

[2] 赵改荣，黄贞光.樱桃优质丰产栽培技术彩色图说[M].北京：中国农业出版社，2001.

[3] 潘凤荣，关海春，郝瑞敏，等.大樱桃新品种简介[J].北方果树，1999.

[4] 史传铎，姜远茂.樱桃优质高产栽培新技术[M].北京：中国农业出版社，1988.

[5] 张鹏.樱桃高产栽培[M].北京：金盾出版社，1993.

[6] 张鹏，王有年，张四维.樱桃无公害高效栽培[M].北京：金盾出版社，2004.

[7] 万仁先，毕克华.现代大樱桃栽培[M].北京：中国农业科技出版社，1992.

[8] 王志强.甜樱桃优质高产及商品化生产技术[M].北京：中国农业科技出版社，2001.

[9] 于绍夫.大棚樱桃[M].北京：中国农业科技出版社，1999.

[10] 于绍夫.烟台大樱桃栽培[M].济南：山东科学技术出版社，1979.

[11] 于绍夫.大樱桃栽培新技术(第二版)[M].济南：山东科学技术出版社，2002.

[12] 张艳芬，姜国高，王长君.桃樱桃李杏整形修剪[M].济南：山东科学技术出版社，1997.

[13] 高东升,李宪利,张泽华,等.果树大棚温室栽培技术[M].北京:金盾出版社,1999.

[14] 王克,赵文珊.果树病虫害及其防治[M].北京:中国林业出版社,1992.

[15] 谭秀荣.甜樱桃高效栽培新技术[M].沈阳:辽宁科学技术出版社,1999.

[16] 曹子刚,曹桂芝.桃李杏樱桃主要病虫害及其防治[M].北京:中国林业出版社,2000.

[17] 邱强.原色桃李梅杏樱桃病虫图谱[M].北京:中国科学技术出版社,1994.

[18] 徐继忠,边卫东,邵建柱,等.樱桃优良品种及无公害栽培技术[M].北京:中国农业出版社,2006.

[19] 边卫东.大樱桃保护地栽培100问[M].北京:中国农业出版社,2001.

[20] 孙玉刚,樊圣华,赵红军,等.大棚樱桃优质高效栽培新技术[M].济南:济南出版社,2002.

[21] 黄贞光,赵改荣,韩礼星,等.入世后我国甜樱桃面临的机遇与挑战及发展对策[J].果树学报,2002,19(6).411-415.

[22] 黄贞光,赵改荣,韩礼星,等.我国甜樱桃产业总规模和区域布局的探讨[M].全国首届樱桃产业发展学术研讨会论文,2006.

[23] 张毅,孙岩.樱桃推广新品种图谱[M].济南:山东科学技术出版社,2002.

[24] 蒋锦标,吴国兴.果树反季节栽培技术指南[M].北京:中国农业出版社,2000.

[25] 山西省果树主要害虫及天敌图说编写组.山西省果树主要害虫及天敌图说[M].山西省农业区划委员会,1983.

［26］　唐勇.樱桃园全套管理技术图解[M].济南：山东科学技术出版社，1998.

［27］　张开春.无公害甜樱桃标准化生产[M].北京：中国农业出版社，2006.

［28］　冯明祥.无公害果园农药使用指南[M].北京：金盾出版社，2004.